高效节能技术探析

——并联型中频电源节能设计

主　编　李澍信　郭延强　成健全

副主编　刘旭忠　吕　潇　周淑玲　张立华

王飞跃　刘　鹏

吉林大学出版社

·长春·

图书在版编目（CIP）数据

高效节能技术探析：并联型中频电源节能设计／李
澍信，郭延强，成健全主编 . —长春：吉林大学出版社，
2019.8

ISBN 978-7-5692-5219-4

Ⅰ.①高… Ⅱ.①李… ②郭… ③成… Ⅲ.①中频电
源—节能设计 Ⅳ.①TM910.2

中国版本图书馆 CIP 数据核字（2019）第 156526 号

书　　名　高效节能技术探析——并联型中频电源节能设计
　　　　　GAOXIAO JIENENG JISHU TANXI——BINGLIANXING ZHONGPIN
　　　　　DIANYUAN JIENENG SHEJI

作　　者　李澍信　郭延强　成健全　主编
策划编辑　李承章
责任编辑　安　斌
责任校对　魏丹丹
装帧设计　贝壳学术
出版发行　吉林大学出版社
社　　址　长春市人民大街 4059 号
邮政编码　130021
发行电话　0431-89580028/29/21
网　　址　http：//www.jlup.com.cn
电子邮箱　jdcbs@jlu.edu.cn
印　　刷　天津雅泽印刷有限公司
开　　本　710mm×1000mm　1/16
印　　张　10.25
字　　数　152 千字
版　　次　2019 年 8 月　第 1 版
印　　次　2019 年 8 月　第 1 次
书　　号　ISBN 978-7-5692-5219-4
定　　价　42.00 元

|主编简介|

李澍信，2000 年在首钢退休，高工。早年就读清华工业自动化系，后于北京钢院专修电力拖动，导师舒迪前。提倡用功率管理思想设计电路，常受邀讲学、讲座。曾受聘为中央政府领导进行培训，获"北京市冶金系统先进科技工作者"等多项先进称号，现主要致力于研究中频电源效率和设计的功率管理。

郭延强，男，1983 年 9 月出生，中共党员。大学本科学历，电气工程与自动化专业。2007 年大学毕业后分配在浙江天煌科技实业有限公司，从事电力电子技术中频感应加热电源的研发工作。

成健全，男，现年 45 岁，陕西安川机电有限公司总设计师兼副总经理。从事中频感应加热设计、调试工作二十余年，具有丰富的感应加热成套设备设计和现场调试经验，尤其擅长各种感应加热线圈参数的计算。

|内容简介|

　　本书的主题是并联型中频电源的节能设计方法，共4章：第1章介绍了逆变器独立激励电源的组成——网侧交流电源、整流器、恒流-滤波等；第2章讲述了单相并联无源逆变器，包括逆变桥的主要器件、并联逆变桥的换流电感等；第3章为振荡槽路理论与应用，主要讲述并联型中频振荡槽路实现硬件高阻抗化，重点介绍用"李澍信倍压公式"优化槽路配置，并用较多实例说明感应器-振荡电容高阻抗参数的设计技巧；第4章介绍了特殊感应器的设计技巧，通过实例介绍了真空炉、大功率长线卷和小截面钢带长线卷等特殊感应器的设计方法。本书着重基础理论与客观实际统一，立足物理概念与分析计算统一，图文并茂，文字简捷，重点突出，公式简捷、实用、准确。

　　本书适用于从事谐振型中频电源领域的工程师、技师，也可作为高等院校工科相关专业教学参考书或教材。

工程师对于电力电子功率变换机器的设计，要时刻贯彻功率管理的思想，即设计的始终要关注每个环节对机器效率的影响量值和改善方法。

中频感应加热是一种以电力为对象的电子技术。通过对电能的控制与变换，实现电—热转换。随着电力电子技术的进步，世界半导体静止变频技术高速发展。20 世纪 70 年代末以后，我国晶闸管中频感应加热工业迅猛发展，尤以并联型静止变频电源最多。

本书力求内容严遵科学且关注经济效益和社会价值。中频感应加热设备是"电老虎"，因此，本书的内容自始至终贯穿着一根主线——最佳功率管理。即在设备整个的技术链条中，都要最大限度地考虑实施高效节能措施。

工频—中频转换系统的控制涉及微电子技术、电力电子技术和计算机技术。电—热转换和功率控制，则需要电工学基础知识和相关的物理知识。中频感应加热设备的设计制作，是多学科技术知识完美结合的艺术。

中频感应加热电源包括两个主要分支：串联型（电压型——简称 SI）与并联型（电流型——简称 PI）。其中有关串联型谐振型的部分已分成《串联谐振型逆变电源的节能设计理论》和《串联谐振型逆变电源的节能设计方法与调试》两册出版，本书则是并联型中频电源部分。本书贯穿"功率管理"设计理念，利用槽路终端参数（即额定功率-频率）来校核感应器匝数的基本原理和实用技巧。编著者力图推广受"功率管理"约束的实现高效节能的设计思想。

编者努力遵守客观性、实践性、理论性、逻辑性。但因水平有限，缺点、谬误难免。诚盼指正、批评，期共勉、共进、共同为祖国的中频感应加热设备制造工业做出贡献。

编　者

2019 年 8 月

|编写说明|

（1）本书内容根据实际需要，以递变振荡槽路为重点，依据感应加热的客观规律，建立全新的节能计算方法——能使设计参数与运行额定值基本统一，防止理论与实际脱节现象。

（2）本书在编写过程中尽量做到理论与实践结合。编者依据充分的实际条件建立数学模型，广泛参阅文献，调研国内外中频感应加热设备，搜集一线技术人员的实践经验，征求业内专家意见，努力使内容更加翔实。为了节省篇幅和简化计算，按工程计算惯例，一些套用的数学物理公式，略去了推导过程，并告知读者公式的来处。

（3）为了使读者易于理解和掌握，编者力图在文字上深入浅出，也特别在图示上，尽量绘制清晰，图达文意；为了使读者能够尽快掌握计算方法，编者较多地列举实例进行计算并注意标示电学单位。总之，编者对图、文、例三者并重给予了高度关注，并借此成书之际，将研用多年的"李澍信倍压公式"奉献给读者，并在本书举例反复演示使用方法。

（4）本书系初版，编者水平有限，名词、术语、符号等可能有不符规范或不统一之处，内容难免有疏漏，敬请读者批评指教。

（5）本书由李澍信、郭延强、成健全主编，刘旭忠、吕潇、周淑玲、张立华为副主编，在编写过程中，得到许多教授、专家、技师大力支持。张贵军、沈毅、闫海涛、董金祥、张立华等协同现场测绘数据；周淑玲、范春、邓建刚、闫海涛、崔海军、周挺等提供了大量现场素材和经验；高级技师张春祥等对本书编写提供了很多宝贵意见；北京鑫源万恒电力电子技术研究所张锦所长提供了晶闸管国标规范测试方法、参数等资料；高伯俭在感应器及滤波电抗设计理论方面给予很多帮助。全书由李澍信和吕潇统稿并由李澍信审校。在编写期间，笔者拜读了许多同行专家们的论著、设计资料、经验总结及维修记录等。在此一并致谢！

李澍信

2019 年 8 月

|目　录|

第1章　并联逆变器的工作电源

晶闸管桥式单相并联型无源逆变电源属交-直-交变流技术。逆变器的工作（补能）电源为直流，其构成为网侧交流电源、三相整流电路和恒流滤波电路，如图 1-1 所示。桥式单相并联无源逆变电源又称桥式单相电流型无源逆变电源（以下简称"PI"）。PI 型无源逆变器换流的特点，要求工作电源具有恒流源的作用。下面分四节讨论 PI 型逆变器的工作电源。

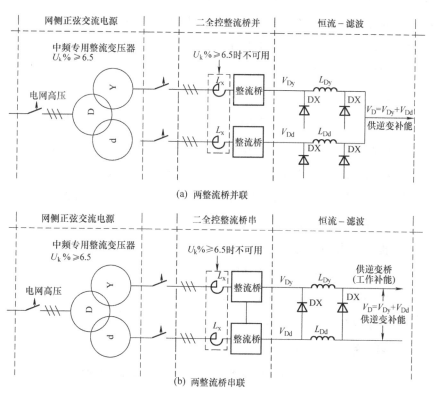

图 1-1　PI 型逆变器的工作电源

1

1.1　网侧交流电源

1. 整流变压器

电网高压经降压变压器获得整流桥所需的低压交流电源。降压变压器为专用整流变压器。因整流器是谐波源，为了减少谐波，较大功率的中频电源一般选用三线式整流变压器（以下简称整变）——一次侧联结方式为D，二次侧分别为 d0 和 yn11。二次侧电压一般为 575V、660V、750V、1000V。除了超大功率的 PI 型中频电源，二次侧电压不提倡大于 1000V。如果，整流桥晶闸管换流时产生较高的电压上升率（dv/dt）；整流桥及以后的电路可能发生短路或冲击电流；PI 逆变桥换路"工作短路"等，都要求整变须有较大的短路阻抗百分比 $U_k\%$。变压器容量越大，$U_k\%$ 也越大，一般为 6.5～8。整流变压器是交流电源的核心。为使读者更具体地了解整变，特抄录一例整变订货的技术要求。

整流变压器技术要求示例：

①额定容量：3600kVA；

②网测电压：10000V±5％；

③阀侧电压：2×660V（额定电流），两组二次电压差≤1％；

④阀侧电流：2×1600A；

⑤短路阻抗电压百分比：$U_k\%$＝6.5％（d0 组与 yn11 组各为 13）；

⑥连接组别：D/d0-yn11，12 脉波；

⑦排列方式：柱上分裂；

⑧调压方式：手动无励磁调压；

⑨冷却方式：油浸自冷式（ONAN）；

⑩顶层油温升：≤55K；

⑪装置种类：户内式；

⑫一、二次线圈间设置接地屏蔽保护，80mm 排油阀，25mm 取样阀；

⑬其余按国标。

2. 整流变压器容量 S_N 的选择

（1） S_N 的选择

①变压器是一个有电感的电器，他所吸收的无功功率为铁芯中励磁无功功率和一、二次侧漏抗的无功功率。

②变压器的额定容量用视在功率 S_N 来表示。S_N 表示变压器变送电功率的能力，其值等于变压器额定线电压 V_N（一次侧或二次侧）与额定线电流 I_N（一次侧或二次侧）的乘积：

$$S_N = \sqrt{3} V_N I_N \quad （单位：VA 或 kVA）$$

③变压器的额定容量是由一、二次电流使变压器发热所决定的。

④整流器和逆变器都是高次谐波源，因此整流变压器比普通电力变压器的铁芯截面和线卷导线截面都要大，器体外形"肥胖"。

⑤变压器超载运行，压降增加，发热严重，损耗上升，效率下降。

（2） S_N 的选择

①整流变压器的 S_N：正常设计应选择使用整流变压器。其视在功率 S_N 为

$$S_N = \frac{P_n}{\cos\phi_{STS}} \tag{1-1}$$

式中，P_n——中频电源标称功率（由阀侧提供的功率）；

$\cos\phi_{STS}$——整流桥晶闸管的控制角、整流桥产生的谐波、逆变器产生的谐波及整流变压器本身的感抗等，在这几项因素综合作用下阀侧发生的功率因数，一般 $\cos\phi_{STS} \approx 0.85$。

S_N——器身在标准冷却条件下的额定容量。冷却条件很差而不符合标准时，应降容使用；反之，冷却条件好于标准时，可适当超载运行。

②电力变压器的容量 S_{NS}：有时因为种种原因偶选普通电力变压器。普通电力变压器的设计没有考虑——谐波型负载导致的附加发热和更好的热稳定性、机械稳定性等。因此，电力变压器的 S_{NS} 为

$$S_{NS} \approx \frac{P_n}{0.9\cos\phi_{STS}} \tag{1-2}$$

3. 变压器两侧使用的断路器

高次谐波电流使断路器触头发热严重。所以，断路器的额定电流 I_{wN} 要选得大些，一般可选

$$I_{wN} \geqslant 1.5 I_{DN} \tag{1-3}$$

式中，I_{DN}——三相全控整流桥输出直流额定值。

较之一般负载，中频电源使用的断路器"冲击电流跳闸"机会多些。所以断路器的额定电压 V_{wn} 也要选得略高些，一般可大于或等于线电压 V_N 的峰值：

$$V_{wn} \geqslant \sqrt{2} V_N \tag{1-4}$$

1.2 整流器的主要器件和保护

1. 电路结构

三相全控整流桥的基本结构如图 1-2 所示。

①智能型断路器（空气开关）Kit，负责对 Kit 以后电路的过电流或短路实现反时限或速断保护。

②压敏电阻 R_Y 组成静电保护电路，$R_x - C_x$ 组成阀侧浪涌和尖峰电压的吸收电路。

③进线电感 L_x，抑制整流器晶闸管换流时产生的 dv/dt。

④快速熔断器 FU，晶闸管损坏短路时，FU 迅速熔断，避免事故扩大。

⑤T1～T6 组成全控整流桥。

（1）三道防线

一般中频电源自身至少具备三道过电流保护防线。

①第一道防线，串联逆变中央控制器（逆变中控板）实现过电流自动封锁逆变晶闸管。逆变器颠覆一般伴随着逆变晶闸管击穿。逆变中控板的第一道防线对"颠覆过电流"失效。第一道防线的过电流值 I_{dG1} 一般为

$$I_{dG1} = 1.5 I_{dE} \tag{1-5}$$

式中，I_{dE}——并联型中频电源的额定直流电流。

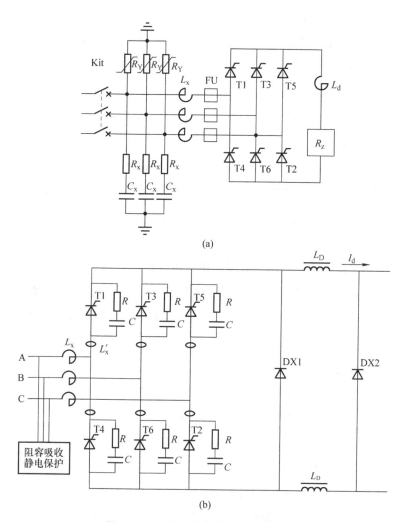

(a)

(b)

图 1 - 2 三相全控整流桥的基本结构

②第二道防线，整流中央控制器（整流中控板）在"颠覆过电流"发生后，迅速限制相移角度（"拉β"）或封锁触发脉冲，实现过电流保护。第二道防线的过电流值 I_{dG2} 一般为

$$I_{dG2} = 1.7 I_{dE} \qquad (1-6)$$

③第三道防线是在第一道和第二道防线失效后，实现设备自身的最后的过电流保护——空气开关速断。第三道防线的过电流速断值 I_{dG3} 一般为

$$I_{dG3} = 2 I_d \qquad (1-7)$$

（2）网侧过电流保护

整流变压器高压侧（＞10kV）的过电流保护可以视为第四道防线，属供电局直接管辖。一般的规范是：反时限5s断路（$2.2I_{LE}$，I_{LE}为网侧线额定电流）；速断（$3.2I_{LE}$）。

以上所述第一至第四道过电流保护值，应依次递增。

（3）断路器Kit的选择

断路器Kit控制整流器的三相电源。而整流器是谐波源，线电流中有着丰富的谐波电流。因此，断路器Kit的选择遵循以下原则：额定电压大于整流器进线线电压；额定电流不小于设备的额定线电流的2倍。

$$I_{断路器} \geqslant 2 \times 0.816 I_{dE} \tag{1-8}$$

2. 静电保护电路及阀侧浪涌电压吸收电路

如图1-2（a）所示，静电保护电路和阀侧浪涌电压吸收电路是不可或缺的。因此，可以把它们看成是器件组合模块——静电保护模块、阀侧浪涌电压吸收模块。

（1）静电保护模块

整流变压器偶有静电屏蔽损坏失效，一次侧的高压必然对二次侧有高压静电感应，使整流晶闸管击穿。雷击也有可能使整流变压器二次侧感应高压静电。因此，整流变压器二次侧要有高压静电泄放电路。简单有效的办法就是在二次侧接入静电保护模块。如图1-2（a）所示，二次侧三相进线分别接三支压敏电阻R_Y，一端"封星"并良好接地。压敏电阻击穿电压一般选择为整流晶闸管重复峰值电压V_{DRM}（或反向重复峰值电压V_{RRM}）的50%。比如，进线线电压$V_L = 380V$，整流晶闸管V_{DRM}（V_{RRM}）选择1600V；三支R_Y实际承受电压峰值为$\sqrt{2} \times 220V = 311V$。可选择压敏电阻MY31-800V/（10kA～20kA）。当整流变压器二次侧有高压静电大于800V时，压敏电阻击穿对大地放电后，瞬时又恢复阻断状态，使晶闸管免遭高压静电击穿。

（2）阀侧浪涌电压吸收模块

如图1-2（a）所示，三相进线接入的R_X-C_X吸收电路即浪涌电压吸收模块。其主要作用是吸收网侧浪涌-尖峰电压的干扰，避免过电压击穿整流晶闸管。

①R_X 的阻值一般为 5～12Ω，进线电压低则阻值低，反之则反是。例如，380～575V 进线时，R_X 可选 5～6Ω；575～1000V 进线时，R_X 可选 6～12Ω。

R_X 的焦耳热功率 P_{RX}：

$$P_{RX} = R_X \left[\left(\frac{V_L}{\sqrt{3}} \right) \Big/ \sqrt{R_X^2 + \left(\frac{10^6}{2\pi f C_X} \right)^2} \right]^2$$

$$\approx R_X \left[\left(\frac{V_L}{\sqrt{3}} \right) \Big/ \frac{10^6}{2\pi f C_X} \right]^2 W \tag{1-9}$$

式中，V_L——进线线电压；

C_X——吸收电容。

为了增加使用寿命，实际使用的 R_X 其标称耐热功率应 ≥ $10P_{RX}$。

②C_X 的电容值一般为 4～6μF。V_L 低则电容值大，V_L 高则电容值小。例如，380～575V 进线时，C_X 可选 3～4μF；575～1000V 进线时，C_X 可选 1～3μF；电容 C_X 的耐压值，一般大于实际承受电压的 2 倍。

例：一中频电源进线线电压 $V_L = 575/50\text{Hz}$，$R_X = 5\Omega/200\text{W}$，$C_X = 4\mu\text{F}/1600\text{V}$，求 R_X 的焦耳热功率 P_{RX}？

解：$P_{RX} \approx R_X \cdot \left[\left(\frac{V_L}{\sqrt{3}} \right) \Big/ \frac{10^6}{2\pi f C_X} \right]^2 = 5 \times \left[332 / \frac{10^6}{100\pi \times 4} \right]^2 \approx 9\text{W}$

R_X 的耐热功率选择，一般为 $P_{RX} \geq 10P_{RX}$。

本例可选择两支 10Ω/100W 的电阻并用（R_X 的选择主要考虑耐用可靠）。

3. $\frac{dv}{dt}$ 的抑制电感 L_X

（1）整流器产生过高 $\frac{dv}{dt}$ 的主要原因

①晶闸管换流时，因重叠角 γ 使线电压瞬间短路，产生较高的 $\frac{dv}{dt}$。

②网侧浪涌尖峰电压的侵袭，产生较高的 $\frac{dv}{dt}$。

过高的 $\frac{dv}{dt}$ 会使晶闸管误导通，产生电流浪涌，造成熔断器烧断，致

7

使整流晶闸管被击穿，发生逆变颠覆等情况。

（2）$\dfrac{\mathrm{d}v}{\mathrm{d}t}$的抑制方法

最有效的措施是在整流器电流回路增置电感。有三种方法：

①整流器匹配的供电变压器（习惯称主变、整变），要制作成有较高的短路阻抗百分比 $U_k\%$，一般为 $6.5\%\sim8\%$（这个数据，是国内外常用并经过长期运行验证的）。整流器功率越大短路阻抗百分比 $U_k\%$ 越大。忽略短路阻抗的电阻分量，$U_K\%$ 所对应的漏电感 L_X 为

$$L_X\approx\frac{V_L\times U_k\%\times10^6}{2\pi f I_2}\mu\mathrm{H} \tag{1-10}$$

式中，V_L——整流变压器二次侧线电压；

$\quad\quad I_2$——整流变压器二次侧额定线电流；

$\quad\quad L_X$——整流器进线电感（整流变压器二次侧线电感）；

【12 脉波三线式变压器，二次侧 d 联结的相漏感 L_{Xd} 与线漏感 L_X 相等。二次侧为 yn11 联结的相漏感 L_{Ly} 是线漏感 L_X 的 $1/\sqrt{3}$。所以，严格地讲，要使两整流桥的进线电感相等，整流变压器的二次侧为 yn11 联结的 $U_k\%$ 应比二次侧为 d 联结的 $U_k\%$ 大 $1/\sqrt{3}$。但由于制作工艺困难，三线式变压器两个二次绕组的 $U_k\%$ 值，一般厂家仍制作成相等的。明白这个区别，对我们合理地设计进线电感会更多些自觉。】

$\quad\quad f$——电网频率，50Hz。

增大变压器 $U_k\%$，这是大功率中频电源最常用的增大 L_X 的设置方法。

例：一台整流变压器，3600kVA/50Hz，10kV/0.575kV，$U_k\%=7.3\%$，$I_2=3620\mathrm{A}$，求 L_X 的数值？

解：$L_X\approx\dfrac{V_L\times U_k\%\times10^6}{2\pi f I_2}=\dfrac{575\times7.3\%\times10^6}{2\pi\times50\times3620}=40\mu\mathrm{H}$

这台整流变压器的漏电感 $L_X=40\mu\mathrm{H}$，整流器进线不必再另安装进线电感。

②当整流器主变用普通电力变压器，$U_k\%$ 较小，一般 $U_k\%<4\%$，不足于抑制 $\dfrac{\mathrm{d}v}{\mathrm{d}t}$ 到安全数值。则用进线串接电感的方法以予拟补之。如图 1-2

（b）所示，三相进线串接电感 L_x。

例： 一台普通变压器，$1000\mathrm{kVA}/50\mathrm{Hz}$—$10\mathrm{kV}/0.4\mathrm{kV}$，$U_\mathrm{k}\% = 3.7\%$，$I_2 = 1460\mathrm{A}$；供电对象为一台 $800\mathrm{kW}$ 的中频电源。求该主变的 L_x？

解： $L_\mathrm{x} \approx \dfrac{V_\mathrm{L} \times U_\mathrm{k}\% \times 10^6}{2\pi f I_2} = \dfrac{400 \times 3.7\% \times 10^6}{2\pi \times 50 \times 1460} = 32\mu\mathrm{H}$

该变压器漏抗能提供 $32\mu\mathrm{H}$ 的进线电感 L_x，有些不足。若按合理的阻抗电压百分比中的电阻分量 $U_\mathrm{kR}\% = 6.5\%$ 来设置进线电感，则还需增加电感量。先算出 $U_\mathrm{kR}\% = 6.5\%$ 对应的电感量 L'_x 为

$$L'_\mathrm{x} = \frac{U_\mathrm{kR}\%}{U_\mathrm{k}\%} L_\mathrm{x} = \frac{6.5\%}{3.7\%} \times 32 = 56\mu\mathrm{H}$$

然后算出需要增加的电感量 L_XB 为

$$L_\mathrm{XB} = L'_\mathrm{x} - L_\mathrm{x} = 56 - 32 = 24\mu\mathrm{H} \tag{1-11}$$

通过计算可知，整流器三相进线应再串接 $L_\mathrm{XB} = 24\mu\mathrm{H}$ 的电感。

③每支整流晶闸管串联电感 L_SCR 或 L'_x 可限制 $\dfrac{\mathrm{d}v}{\mathrm{d}t}$，为是小功率整流器中常用的限制 $\dfrac{\mathrm{d}v}{\mathrm{d}t}$ 的电感设置方法。所串电感 L_SCR 的数值一般为

$$L_\mathrm{SCR} = \frac{L_\mathrm{XB}}{2} \tag{1-12}$$

如图 1-3 和图 1-4 所示，T1～T6 每支晶闸管串联一支线性电感 L_SCR 或速饱和电感 L'_x。

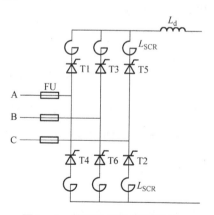

图 1-3　整流桥串线性电感 L_SCR

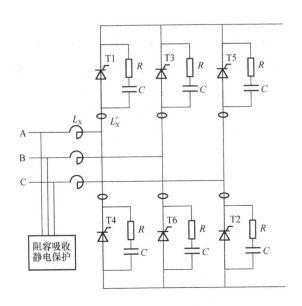

图 1-4   整流桥串接速饱和电感 L_X'

注意，整流晶闸管并联时，必须每支晶闸管串联一支 L_{SCR}，如图 1-5 所示。晶闸管并联时不推荐穿铁淦氧（铁氧体）磁环，因其均流效果远不如线性电感。

4. 快速熔断器

①快速熔断器串接在三相进线，如图 1-5 中 A-B-C 三相进线串接的 "FU"。亦可每支晶闸管串接快速熔断器（不推荐）。

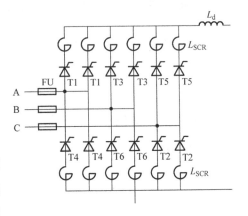

图 1-5   并联的每支晶闸管串联电感 L_{SCR}

②设置快速熔断器的目的是短路保护。快速熔断器不适于过电流保护。

③快速熔断器的选择原则：长期正常运行不熔断，发生短路要速断。

熔断器的标称电流 I_{FU} 和电压 V_{FU} 的选择：

$$I_{FU} = (1.5 \sim 2)I_Y$$

式中，I_Y——快熔实际通过的电流有效值。

$$V_{FU} \approx V_{Lmax}$$

10

式中，V_{Lmax}——快熔串接电路的电压有效值的幅值。

④快速熔断器的熔丝很细，长期发热，机械强度会下降，内部石英砂熔结成块，易使熔丝断裂。所以，快速熔断器应有定期更换制度。

例：一中频电源，1500kW 三相进线线电压 $V_L = 575$V，求三相进线的快熔选型？

快速熔断器的标称电流 I_{FU} 为

$$I_{FU} = (1.5 \sim 2)I_Y = 1.5 I_Y = 1.5 \times (0.816 I_d)$$

$$= 1.5 \times \left(0.816 \times \frac{1500\text{kW}}{1.35 \times 575}\right) \approx 2400\text{A}$$

快速熔断器的标称电压 V_{FU} 为

$$V_{FU} \approx V_{Lmax} = \sqrt{2} \times 575 \approx 800\text{V}$$

5. 整流晶闸管的选择

（1）晶闸管的通态平均电流 I_T 的选择

①每支晶闸管流过的电流有效值和平均值：三相整流桥不管控制角 α 是多少，导通角均为 120°。整流器输出电流为 I_d；流过每支晶闸管的电流有效值为 I_y，可用一个周期内每支晶闸管通过 I_d 值的均方根求得：

$$I_y = \sqrt{\frac{1}{2\pi} \int_0^{\frac{2\pi}{3}} I_d^2 \cdot d\omega t} = \frac{I_d}{\sqrt{3}} \qquad (1-13)$$

流过每支晶闸管的电流有效值 I_y 换算成直流 I_{SCR} 为

$$I_{SCR} = \frac{I_d}{1.57 \times \sqrt{3}} = \frac{I_d}{2.72} \qquad (1-14)$$

②选择晶闸管的通态平均电流 I_T 值为

$$I_T \geqslant (2.5 \sim 3)I_{SCR}$$

（2）晶闸管正反向重复峰值电压的选择

晶闸管的正向重复峰值电压 V_{DRM} 和反向重复峰值电压 V_{RRM} 基本相等。半导体 PN 结对电压极为敏感，现代工业电网电压的浪涌-尖峰干扰又极为丰富，所以耐压裕量要大。一般

$$V_{DRM} \approx V_{RRM} = (2.5 \sim 3)V_{Tmax} \qquad (1-15)$$

式中，V_{Tmax}——晶闸管实际承受的电压幅值

例：一中频电源，额定功率 1500kW，三相进线线电压 $V_L = 575V$，如何选择整流器 KP 型晶闸管的电压电流标称值？

解：选择 KP 型晶闸管的通态平均电流 I_T 为

$$I_T = (2.5 \sim 3)I_{SCR} = 2.5 \times \frac{I_d}{2.72}$$

$$= 2.5 \times \frac{\frac{1500000}{1.35 \times 575}}{2.72} \approx 2.5 \times \frac{1932}{2.72} = 1800A$$

KP 型晶闸管的 $V_{DRM}(V_{RRM})$ 为

$$V_{DRM} \approx V_{RRM} = (2.5 \sim 3)V_{Tmax} = 3V_{Tmax} = 3 \times (\sqrt{2} \times 575) \approx 2500V$$

1.3　恒流-滤波电路

恒流-滤波电路如图 1-6 所示，是由滤波电抗 L_D 和续流二极管 D_X 等组成。其作用主要是恒流、滤波及缓冲短路电流；其次是改善晶闸管导通条件及抑制逆变器谐波回馈电网等。

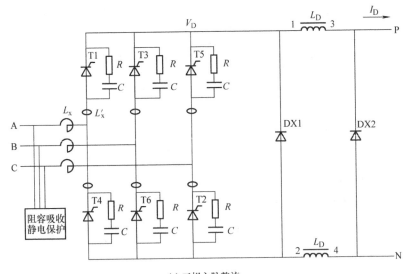

(a) 三相六脉整流

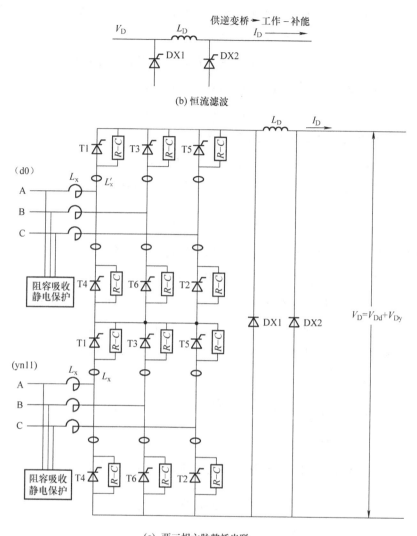

(b) 恒流滤波

(c) 两三相六脉整桥串联

图 1-6 恒流型滤波电路

1. L_D 的作用

①恒流功能。L_D 有足够的电感，使逆变桥"换流-短路"的瞬间基本维持 I_D 平滑不变——实现了逆变桥按 f_0 频率"换流-短路"工作而 I_D 依然平滑不变的"恒流源"作用。

②滤波功能。使脉动的 I_D 平滑、使断续的 I_D 连续和脉动的 V_D 平滑。其实，恒流功能与滤波功能的物理概念本质是一样的。

③限流功能。当逆变颠覆等短路现象发生时，L_D抑制缓冲整流器电流的上升，给电流保护环节争取了宝贵时间。

④L_D对工作电流 I_D 的缓平作用，有利于逆变晶闸管的电流扩展。

⑤对逆变器产生的谐波回馈电网，有抑制作用。

⑥对整流器产生的谐波干扰逆变，有抑制作用。

2. 滤波电抗之电感 L_D 的估算与取值

以下计算的四种电感中取最大者为电抗器电感 L_D。

①最小工作直流 I_{Dmin} 时，仍能保持连续的最小电感量 L_{D1}：

$$L_{D1} \geqslant K_S \frac{V_L}{I_{Dmin}} \text{mH} \qquad (1-16)$$

式中，K_S——整流器结构系数，三相半控桥与三相全控桥均取 0.8；

V_L——工频进线电压，如 380V、575V、660V、900V 等；

I_{Dmin}——最小工作直流，为了提升电流连续的可靠性，根据中频功率的大小，可取额定电流 I_{DE} 的 5%～10%。

例：一台中频电源，$P = 2000\text{kW}/400\text{Hz}$，三相全控桥，进线 $V_L = 660\text{V}/$三相，直流 $V_D = 840\text{V}$，$I_D \approx 2400\text{A}$，估算 L_{D1} 的值。

解：$L_{D1} \geqslant K_S \dfrac{V_L}{I_{Dmin}} = 0.8 \times \dfrac{660\text{V}}{2400\text{A} \times 5\%} = 4.4\text{mH}$

（式中 I_{Dmin} 取 $5\% I_{DE}$）。

②抑制整流高次谐波对逆变影响的所需最小电感值 L_{D2}：

$$L_{D2} \geqslant 266 \frac{V_L}{2\pi \times 300 \times 5\% I_{DE}} \text{mH} \qquad (1-17)$$

式中，V_L——工频进线电压；

I_{DE}——直流 I_D 的额定值。

例：一台中频电源，$2000\text{kW}/400\text{Hz}$，$V_L = 660\text{V}$，三相全控桥，估算 L_{D2}。

解：$L_{D2} \geqslant 266 \dfrac{V_L}{2\pi \times 300 \times 5\% I_{DE}} = \dfrac{266 \times 660\text{V}}{6.28 \times 300 \times 5\% \times 2400\text{A}} = 0.77\text{mH}$

③抑制逆变中频电流对整流桥影响的所需最小电感值 L_{D3}：

$$L_{D3} \geqslant 3185 \frac{V_H}{f_0 \cdot I_{DE}} \text{mH} \qquad (1-18)$$

式中，f_0——槽路振荡频率（谐振频率）；

V_H——中频电压有效值。

例：一台中频电源，2000kW/400Hz，$V_L = 660V$，三相全控桥，估算 L_{D3}。

解：$L_{D3} \geqslant 3185 \dfrac{V_H}{f_0 I_{DE}} = \dfrac{3185 \times 1100V}{400 \times 2400A} = 3.65mH \approx 4mH$

④抑制整流器负载短路电流所需最小电感值 L_{D4}，将短路电流峰值限制在近似 3 倍晶闸管通态平均电流 I_T 之内。

$$L_{D4} \geqslant \dfrac{10^3 \times \sqrt{2} V_L}{2\pi f_G \times 3I_T} \approx 1.5 \dfrac{V_L}{I_T} mH \qquad (1-19)$$

式中，V_L——工频为 f_G 的进线电压；

I_T——晶闸管通态平均电流。

例：一台中频电源，2000kW/400Hz，$V_L = 660V$，三相全控桥，估算 L_{D4}。

解：$L_{D4} \geqslant \dfrac{\sqrt{2} V_L}{2\pi f_G \times 3I_T} = 1.5 \times \dfrac{660V}{2500A} = 0.396mH$

以上 $L_{D1} \sim L_{D4}$ 四种电感计算完后，择其中最大者为滤波电抗之电感 L_D。

3. 滤波-限流电抗的铁芯导磁截面积 A_F

铁芯导磁截面积 A_F 与表征磁电能量的 "$L_D I_D^2 \left(\dfrac{V \cdot S}{A} \times A^2 \right)$" 的焦耳值有着一定的关系：$A_F$ 与 $\sqrt[4]{L_D I_D^2}$ 成正比。以此为基础有如下的经验公式。

①磁通密度 $B = 7000GS$ 时铁芯柱直径 D_{LD}：

$$D_{LD} = K_{DLD} \times \sqrt[4]{L_D I_d^2} cm \qquad (1-20)$$

式中，L_D——单位 mH $\left(10^{-3} \dfrac{V \cdot S}{A} \right)$；

K_{DLD}——滤波电抗铁芯直径修正系数，一般为 $0.5 \sim 0.8$，进线电压低时近 0.5，进线电压高时近 0.8。

②铁芯导磁截面 A_F

$$A_F = 0.9 \dfrac{\pi D_{LD}^2}{4} cm^2 \qquad (1-21)$$

4. 电抗器的匝数 N 和气隙 L_b

①L_D匝数 N：

$$N=(4\sim8)\frac{L_D I_D}{BA_F}10^4 \qquad (1-22)$$

②气隙总长 L_b 的参考值：

$$L_b=(0.3\sim0.2)\frac{I_D N}{B}cm \qquad (1-23)$$

气隙总长 L_b 即磁轭两端的间隙之和。从式（1-22）可看出，I_D 增大则 L_b 增大，I_D 减小则 L_b 减小。在实际计算选择 L_b 时，I_D 小时系数在 0.3 左右，I_D 大时系数在 0.2 左右；并认真参考实践经验。

例：一台 2000kW/400Hz 中频电源，$V_L=660V$，三相全控桥，估算 L_D 的铁芯柱直径 D_{LD}，铁芯柱导磁截面 A_F，匝数 N 和总间隙 L_b。

解：①$D_{LD}=0.5\times\sqrt[4]{L_D I_d^2}=0.5\times\sqrt[4]{4.4\times2400^2}=35cm$

式中取 L_{D1} 为滤波电抗器电感 L_D。

②$A_F=0.9\frac{\pi D_{LD}^2}{4}=0.9\times\frac{\pi 35^2}{4}=962cm^2$

③$N=(4\sim8)\frac{L_D I_D 10^4}{BA_F}=6\times\frac{4.4\times2400A}{7000\times962}\times10^4=94$ 匝

（式中取系数 4~8 范围内的平均值 6）

④$L_b=(0.3\sim0.2)\frac{I_D N}{B}=0.2\frac{2400\times100}{7000}=6.86cm$

（式中取系数 0.3~0.2 的低值 0.2）

例：一台 12000kW/300Hz 的中频电源，$V_L=1650V$，采用 12 脉波二全控桥式并联，$V_D=2200V$，$I_d=2\times2800A$（整流桥晶闸管为 KP-3000A/3500V 两串），一个整流桥配一个电抗器/2800A。估算电抗器的 L_D，铁芯柱直径 D_{LD}，铁芯柱导磁截面 A_F，匝数 N 和气隙总长 L_b。

解：计算 L_{D1}、L_{D2}、L_{D3}、L_{D4}，之后择最大者为 L_D：

①计算四种电感并选择电抗器电感 L_D：

$$L_{D1}\geqslant K_s\frac{V_L}{I_{Dmin}}=0.8\frac{1650V}{5\%\times2800A}=9.4mH$$

$$L_{D2} \geqslant 266 \frac{V_L}{2\pi \times 300 \times 5\% I_{DE}} = \frac{1650V}{2.82 \times 2800A} = 0.21\text{mH}$$

$$L_{D3} \geqslant 3185 \frac{V_H}{f I_{DE}} = \frac{3185 \times 2900V}{300 \times 2800A} = 11\text{mH}$$

$$L_{D4} \geqslant 1.5 \frac{V_L}{I_T} = \frac{1.5 \times 1650V}{3000A} = 0.83\text{mH}$$

计算结果中，$L_{D3} = 11\text{mH}$，为上述四种电感中最大者，确定 L_{D3} 为电抗器电感 L_D——L_D/偏向励磁 $I_d = 2800A$。

②$D_{LD} = 0.5 \times \sqrt[4]{L_D I_d^2} = 0.5 \times \sqrt[4]{11 \times 2800^2} = 48\text{cm}$

③$A_F = 0.9 \frac{\pi D_{LD}^2}{4} = 0.9 \times \frac{\pi 48^2}{4} = 1628\text{cm}^2$

④$N = (4 \sim 8) \frac{L_D I_D 10^4}{B A_F} = 7 \times \frac{11 \times 2800A}{7000 \times 1628} \times 10^4 = 189$ 匝

因 V_D 较高，式中系数 $4 \sim 8$ 取高值 7。

⑤$L_b = (0.2 \sim 0.3) \frac{I_D N}{B} = 0.2 \frac{2800 \times 108}{7000} \approx 9\text{cm}$

式中取系数 $0.2 \sim 0.3$ 范围内的低值 0.2。

例： 一台 $500\text{kW}/800\text{Hz}$ 的中频电源，$V_L = 380V$，采用 6 脉波全控桥式并联，$V_D = 500V$，$I_d = 1000A$，$V_H = 700V$，（用 KP $-$ 1000A/1600V 型晶闸管）。估算滤波电抗器的 L_D、D_{LD}、A_F、N 和 L_b。

解： ①计算 L_{D1}、L_{D2}、L_{D3}、L_{D4}，择最大者为 L_D：

$$L_{D1} \geqslant K_s \frac{V_L}{I_{Dmin}} = 0.8 \frac{380V}{5\% \times 1000A} = 6\text{mH}$$

$$L_{D2} \geqslant 266 \frac{V_L}{2\pi \times 300 \times 5\% I_{DE}} = \frac{266 \times 380V}{2.82 \times 1000A} = 1.5\text{mH}$$

$$L_{D3} \geqslant 3185 \frac{V_H}{f I_{DE}} = \frac{3185 \times 700V}{800 \times 1000A} = 2.8\text{mH}$$

$$L_{D4} \geqslant 1.5 \frac{V_L}{I_T} = \frac{1.5 \times 380V}{1000A} = 0.57\text{mH}$$

计算结果中，$L_{D1} = 6\text{mH}$ 为四种电感中最大者，遂定为电抗器电感 L_D。

②$D_{LD} = 0.5 \times \sqrt[4]{L_D I_d^2} = 0.5 \times \sqrt[4]{6 \times 1000^2} = 25\text{cm}$

③$A_F = 0.9 \frac{\pi D_{LD}^2}{4} = 0.9 \times \frac{\pi 25^2}{4} = 442\text{cm}^2$

④$N=(4\sim8)\dfrac{L_D I_D}{BA_F}10^4=4\times\dfrac{6\times1000\text{A}}{7000\times442}\times10^4=78$ 匝

因 V_D 较低，式中系数 $4\sim8$ 取低值 4。

⑤$L_b=(0.2\sim0.3)\dfrac{I_D N}{B}=0.3\dfrac{1000\times78}{7000}\approx3.34\text{cm}$［取 4cm］

式中取系数 $0.2\sim0.3$ 范围内的高值 0.3。

5. 电抗器的匝数 N 简易公式估算

滤波电抗器铁芯必须有间隙 L_b，使电感 L_D 不随 I_D 的大小而变化，使其基本属线性电感。铁芯材料如硅钢片、铁氧体等，型号品种繁多，制作工艺各异等原因，使"精确"建立计算 L_D 值公式成为烦琐的事。L_D 值实际上是个"数值范围"。例如一台滤波电抗器的电感 L_D 设计值是 8mH，取值近似 $7\sim10$mH 也属正常范围。因此，为了简化设计，可用基于理论与实践而总结的经验公式，粗估电抗器 L_D 数值，也不失为技师制作电抗器的一个参考。

这里特别提示：匝数 N 的估算与确定，必须能绝对保证电抗器的"恒流功能"，在换流重叠角及逆变桥短路时刻，实现基本抑制 I_D 不变。否则，会造成整流逆变晶闸管使用寿命缩短、频繁击穿、电抗器噪声增大及运行平稳度下降等。

（1）电工学中环形线圈的电感计算公式

图 1-7 所示为铁芯闭合的环形线圈。其电感量 L 的计算公式如下：

$$L=\frac{\mu N^2 S}{l} \tag{1-24}$$

式中，L——环形线圈的电感；

μ——线圈芯材的磁导率；

N——线圈匝数；

S——线圈芯材截面积；

l——线圈圆环中心线长度，线圈磁势全部均匀地降在 l 磁路上；

μ——物质磁导率，一般用相对磁导率 μ_r 表示：$\mu_r=\dfrac{\mu}{\mu_0}$，即 $\mu=\mu_r\mu_0$。真空磁导率 $\mu_0=4\pi\times10^{-7}\dfrac{\text{H}}{\text{m}}$。

非磁性材料的相对磁导率 $\mu_r \approx 1$，磁性材料的相对磁导率 $\mu_r \approx$（数百～万余）。滤波电抗器铁芯硅钢片的 μ_r 值范围一般在 $7000 \sim 15000$。

式（1-23）的条件是导磁截面积 S 各点的磁通密度 B 相等、无漏磁通、环形线圈周长 l 各段磁压均等及电流 I 远不致使铁芯饱和，如图 1-7 所示的此类铁芯闭合的环形线圈的磁通 Φ 可按磁路的欧姆定律计算：

$$\Phi = \frac{F}{R_M} \tag{1-25}$$

式中，F——磁势，$F = IN$；

R_M——磁阻，$R_M = \dfrac{l}{\mu S}$，l 为磁路长度，本例中 $l = L_{ap}$（L_{ap} 为平均一周长）。

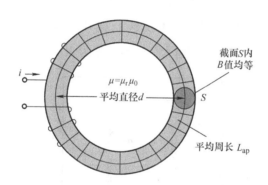

图 1-7 铁芯闭合的环形线圈

（2）电抗器电感 L_D 的简易估算公式

首先要搞清中频电源电抗器的几个特点：

①铁芯有间隙 L_b，线圈磁势几乎全部降在 L_b 段；

【L_b 大大减弱了铁芯参数对电感量 L_D 的影响，粗估 L_D 时可认为间隙 L_b 就是全部磁路；电抗器是线性电感】

②线卷有较大漏磁通；

③制作工艺的标准分散性大；

④L_D 是在通过直流 I_D 即单向偏磁条件下的电感量。

【直流 I_D 产生的单向偏磁使 L_b 磁路电磁参数发生了变化——等效于间隙 L_b 增大了】

如图 1-8 所示，铁芯有间隙 L_b 的滤波电抗。间隙 L_b 的磁阻 R_{MLb} 与铁芯磁阻 $R_{M铁芯}$ 之和为主磁通 Φ 的磁路磁阻 R_M：

$$R_M = R_{MLb} + R_{M铁芯} \qquad (1-26)$$

根据磁阻公式可知，R_{MLb} 是 $R_{M铁芯}$ 的数百甚至千倍，即 $R_{MLb} \gg R_{M铁芯}$。根据磁路欧姆定律可知，磁势 F 几乎全部降在间隙 L_b 段上。则式（1-25）可近似为

$$R_M \approx R_{MLb} \qquad (1-27)$$

综合上述各种因素，电抗器有直流励磁的电感 L_D 近似值估算公式可写成：

$$L_D = K_{LD} \frac{\mu_0 N^2 S}{L_b} \qquad （条件：L_b \neq 0） \qquad (1-28)$$

式中，K_{LD} 为 L_D 的修正系数。电抗器 L_b 越小，漏磁通越多，铁芯 μ_r 越大，直流 I_D 越小，则 K_{LD} 值越大。经验数据为 $K_{LD} = 0.3 \sim 0.5$。

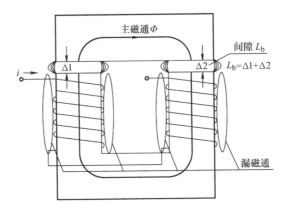

图 1-8　铁芯有间隙 L_b 的滤波电抗

例： 某厂四套 4000kW/400Hz 中频电源，$V_L = 1000$V，采用 12 脉波二全控桥式并联，$V_D = 1200$V，$I_d = 2 \times 2000$A，一整流桥一电抗器，每支电抗 $I_d = 2000$A，铁芯直径 $\phi = 300$mm，$N = 120$ 匝，$L_b = 60$mm。估算电抗器的 L_D。

解： $L_D = K_{LD} \dfrac{\mu_0 N^2 S}{l_b} \approx \dfrac{1.256 \times 10^{-8} \times 120^2 \times \pi \left(\dfrac{30cm}{2} \right)^2}{6}$

$$= 0.5 \times 0.021 = 10.5 \text{mH}$$

式中，K_{LD} 取 0.5。

例：一台 12000kW/300Hz 中频电源，$V_L = 1650V$，采用 12 脉波二全控桥式并联，$V_D = 2200V$，$I_d = 2 \times 2800A$（KP - 3000A/6000V）；一整流桥一电抗器，铁芯直径 $\phi = 480mm$，$N = 108$ 匝，间隙 $L_b = 90mm$，估算电抗器的 L_D。

解：$L_D = K_{LD} \dfrac{\mu_0 N^2 S}{l_b} \approx \dfrac{1.256 \times 10^{-8} \times 108^2 \times \pi \left(\dfrac{48}{2}\right)^2}{9} = 0.4 \times 30 = 12mH$

式中，K_{LD} 取 0.4。

（3）电抗器匝数 N 的估算公式

由式（1-27）可以导出匝数 N 为

$$N = \sqrt{\frac{L_D L_b}{K_{LD} \mu_0 S}} \qquad (1-29)$$

式中，L_D——有间隙 L_b 的电抗器电感（H）；

μ_0——间隙绝缘垫板的磁导率，$1.256 \times 10^{-8} \left(\dfrac{H}{cm}\right)$；

N——线圈匝数；

S——铁芯截面（cm^2）；

L_b——铁芯间隙（cm）。

例：4000kW/400Hz 中频电源，$V_L = 1000V$，采用 12 脉波二全控桥式并联，$V_D = 1200V$，$I_d = 2 \times 2000A$，一整流桥一电抗器，每支电抗 $I_d = 2000A$，铁芯 $\phi = 300mm$，$S = 707cm^2$，$L_b = 60mm$，$L_D = 10.5mH$。估算电抗器的匝数 N。

解：$N = \sqrt{\dfrac{L_D L_b}{K_{LD} \mu_0 S}} = \sqrt{\dfrac{0.0105 \times 6}{0.5 \times 1.256 \times 10^{-8} \times 707}} = 119$ 匝

（4）电抗器的制作工艺要求和测试

① 电抗器制作工艺要求：

a. 铁芯硅钢片 μ 值越高，间隙 L_b 的磁阻 R_{MLb} 与铁芯磁阻 $R_{M铁芯}$ 之比 C_M 值越大，电抗器线性越好。比如 $\mu_r \geqslant 7000$，$C_M \approx (250 \sim 300)$，又 $C_M = \dfrac{R_{MLb}}{R_{M铁芯}}$ 则铁芯对 L_D 线性的影响度为 $\dfrac{1}{250} \sim \dfrac{1}{300}$。

    b. 并联型中频电源滤波电抗器的工作电流——脉动而连续，相较串联型中频电源滤波电抗器的工作电流——脉动不连续，对铁芯硅钢片含硅量和厚度的要求不必太苛刻，但也不能要求太低，因为毕竟电抗电流有较大的中频正弦分量和谐波分量，质量较差的硅钢片会产生较大的铁损。

    c. 线卷铜管导电截面要计算，推荐电流密度不大于 $10A/mm^2$。否则铜损严重。

    d. 通电线卷在漏磁磁场中产生电动力导致线卷振动和噪声严重。因此，电抗器的制作，要做到：线卷紧实、环氧浇铸、安装压牢、螺栓止松等，尽可能增强电抗器的机械稳定性。

    e. 间隙 L_b 的垫板，不宜用木质类，推荐使用不易变形的非磁性绝缘材料，如环氧玻璃纤维板等。

    ②电抗器电感 L_D 的测试：电抗器电感 L_D，是在直流励磁条件下的电感；直流励磁电流即整流器输出电流 I_D。L_D 的估算方法本节前面已讲述。现在简述一种较常用的测试方法。测试也是对估算结果的一种校核。测试电路请看图 1-9 所示的滤波电抗 L_D 的测试接线。

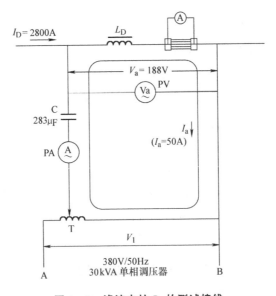

图 1-9　滤波电抗 L_D 的测试接线

a. 按图 1 - 9 电路接线；

b. 通过直流 I_D；

c. 接通电源，旋转调压器 T 渐升电流，观测并记录电流表 PA 指示工频 50A 即 $I_a = 50A$；

d. 观测并记录交流电压表 PV 的指示值——L_D 在工频 50A 时的压降 V_a；

e. 计算直流励磁条件下（忽略测试回路电阻）的电抗器电感 L_D：

此条件下的感抗 X_{LD} 为 $\qquad X_{LD} = \dfrac{V_a}{I_a}$

电感 L_D 为 $\qquad L_D = \dfrac{X_{LD}}{2\pi f} = \dfrac{X_{LD}}{314}$

例：一套 12000kW 中频电源的电抗器制作完毕，进行测试。如图 1 - 9 所示接线，电抗器通过直流 2800A，测试数据：工频电流压降 $V_a = 188V$，工频电流 $I_a = 50A$，计算 L_D。

解： $\qquad L_D = \dfrac{\left(\dfrac{V_a}{I_a}\right)}{314} = \dfrac{\left(\dfrac{188}{50}\right)}{314} = 0.012H = 12mH$

6. 续流二极管 DX

（1）DX 的作用

①在因故障，I_D 下跃变时，$-\dfrac{dI_d}{di}$ 极大，电抗 L_D 产生感生电压 e——这种极性的"冲动"发生在逆变启动槽路振荡时，有利于快速灌入槽路能量。

$$e = -L_d \frac{dI_d}{dt} \qquad\qquad (1-30)$$

感生电压 e 的极性如图 1 - 10 所示：感生电压 e 产生的电流 $i_{感生}$ 阻碍 I_D 的减小。DX1 将 $i_{感生}$ 短路，避免感生电压 e 过高而击穿逆变晶闸管。

②在因故障，I_D 上跃变时，$\dfrac{dI_d}{di}$ 很大，电抗 L_D 产生感生电压 e——这种极性的"冲动"发生在逆变启动槽路振荡时，抑制灌入槽路能量。

$$e = L_d \frac{dI_d}{dt} \qquad\qquad (1-31)$$

感生电压 e 的极性如图 1 - 11 所示：感生电压 e 产生的电流 $i_{感生}$ 阻碍 I_D 的增加。DX2 将 $i_{感生}$ 短路，避免感生电压 e 过高而击穿逆变晶闸管。

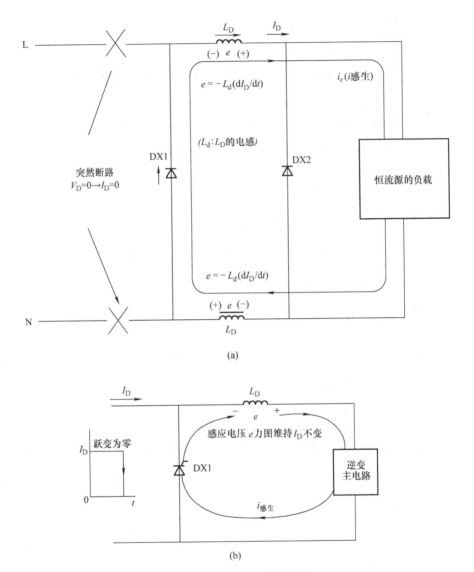

图 1 - 10 DX1 的作用

③续流二极管 DX1 和 DX2 有上述两个保护作用，理论与实践均已证明。但是，从图 1 - 10 和图 1 - 11 可知，DX1 和 DX2 的设置，有时会降低启动成功率。这是因为逆变启动槽路振荡时需要快速灌入槽路能量，任何有助于灌入槽路能量的"冲动"都有益于启动，而续流二极管 DX1 可以消除这种快速灌入"冲动"；DX2 使上跃变时产生的电流 $i_{感生}$ 有了通路，更能抑制电流 I_D 增加。

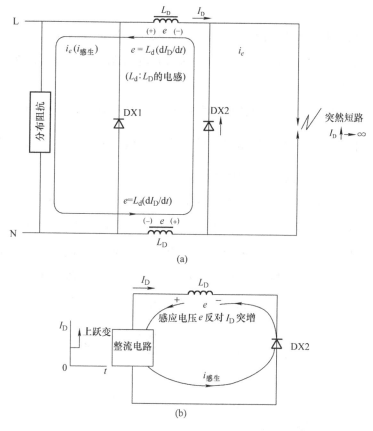

图 1-11 DX2 的作用

（2）DX 的选择

①续流二极管 DX 用普通二极管（如 ZP 型）。因有动态电流、高次谐波电流等流过，要有良好的阻容吸收保护和冷却作用。

②DX 的参数：DX 的击穿会造成极大的短路电流。从安全可靠考虑，额定参数的裕量要大。一般正向平均电流 I_F 为整流器额定电流 I_{DE} 的 1.5～2 倍；反向重复峰值电压 V_{RRM} 是整流器晶闸管 V_{RRM} 的 1.5～2 倍。

1.4 整流器串联电路的设计特点

两个整流桥串联设计与单桥设计基本相同，但相较单桥设计，应注意以下几点：

①根据电抗器L_D计算公式可知，在功率相同的条件下，两个整流桥串联的L_D电感值，比两个整流桥并联的L_D电感值要大得多，L_D电感值要通过计算确定。

②L_D的安装，可在整流桥串联后的输出端一侧——"＋"端或"－"端。但推荐安装在整流桥串联后的输出端两侧各安装$\dfrac{L_D}{2}$；此种安装方式有利于设备运行的稳定，如图1-12所示。

③图1-12所示为典型的"一变双桥串联12脉波触发整流电路"，即一台三线式变压器，接线组别为D/d0-yn11；阀侧为六相，两桥晶闸管触发共12脉冲，相位差为30°；两三相全控整流桥串联，输出直流电压$V_D = 2（1.35V_{L2}）$，脉动波头频率$F_{DP} = 600\text{Hz}$。变压器三线电流在铁芯中产生磁通叠加的结果消除了5～7次谐波，谐波频系为"12K±1"。

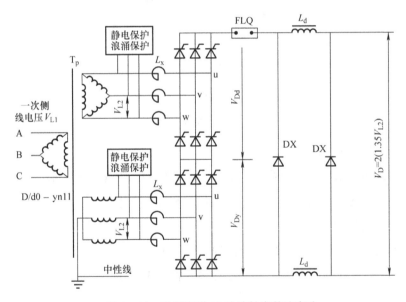

图1-12　双桥串联12脉波触发整流电路

④图1-13所示为"双变双桥串联6脉波触发整流电路"（之一）。两台二线式变压器接线组别均为D/yn11。阀侧为三相，每个整流桥触发6脉波相位差零为0°。输出直流电压$V_D = 2（1.35V_{L2}）$，脉波频率$F_{DP} =$

300Hz。每台变压器二线电流在铁芯中产生磁通叠加的结果不能消除5～7次谐波，谐波频系为"6K±1"。

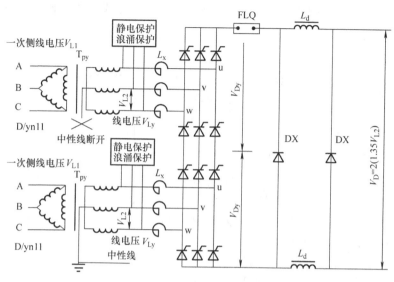

图 1-13 双桥串联 6 脉波触发整流电路（之一）

两台变压器二次绕组 Y 接线的中性点绝对不能连接，只能有一台变压器副绕组 Y 接线的中性点可以实施接零系统，另一台变压器二次绕组 Y 接线的中性点"零线断开"，避免流过"环流"，见图 1-13。

若两台二线式变压器，接线组别均为 D/d0。阀侧为三相，两桥触发六脉冲相位差为 0°，整流输出直流电压 $V_D = 2(1.35V_{L2})$，脉动波头频率 $F_{DP} = 300Hz$。每台变压器二线电流在铁芯中产生磁通叠加的结果不能消除 5～7 次谐波，谐波频系为"6K±1"。则仍属双桥串联 6 脉冲触发整流电路。

⑤图 1-14 所示为"双桥串联 6 脉波触发整流电路"（之二）。两台二线式变压器，一台接线组别为 D/d0，另一台为 D/yn11。阀侧为六相，两桥晶闸管触发 12 脉波的相位差为 30°，整流输出直流电压 $V_D = 2(1.35V_{L2})$，脉动波头频率 $F_{DP} = 600Hz$。

每台变压器二线电流在铁芯中产生磁通叠加的结果不能消除 5～7 次谐波，谐波频系为"6K±1"。变压器副绕组 Y 接线的中性点可以实施保护接零系统。从谐波频系仍为"6K±1"角度看,不妨仍称其为"双桥串联6脉触发整流电路",这更有不推荐的警示意义。

⑥变压器绕组采用△联结,可以消除由于三相负荷不平衡而产生的零序电流。

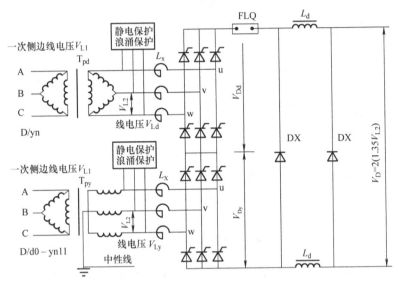

图 1-14 双桥串联 6 脉波触发整流电路(之二)

实例摘录:KGPS-3000/0.3-5I 主电路参数 [洛阳申耐]

1. 基本数据

①电源功率:$P=3000\text{kW}$,熔钢 5T。

②进线电压:$2\times[1000\text{V}/50\text{Hz}]-12\text{P}$,D/d0-y11。

③整流器串:整流器串联——$V_D=2600\text{V}$,$I_D=1300\text{A}$。

④逆变电压:$V_a=3400\text{V}$,$V_{am}=4800\text{V}$;f_0 有两种方案——300Hz 或 500Hz。

⑤主电路基本结构,如图 1-15 和图 1-16 所示。

2. 整流器参数

①静电保护:压敏电阻 YM31-800V/10kA 两串共 6 支,星形联结/中性点接"电力地",如图 1-17 所示。

②浪涌保护:C 选择 5μF/1500V;

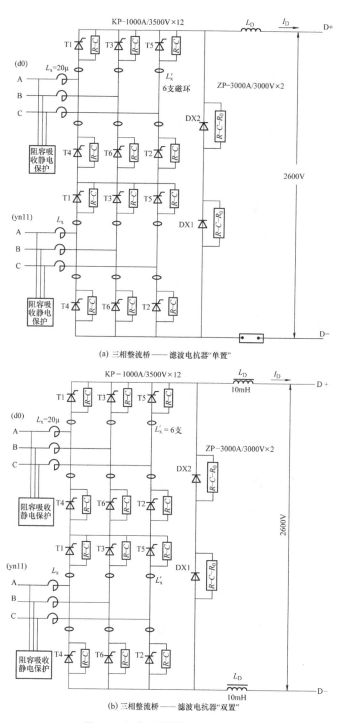

(a) 三相整流桥——滤波电抗器"单置"

(b) 三相整流桥——滤波电抗器"双置"

图 1-15 主电路基本结构（一）

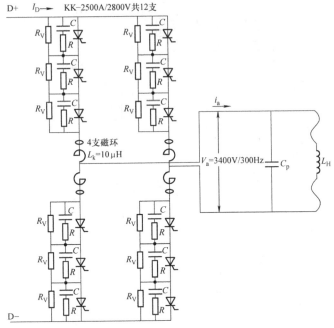

(a) 单相逆变桥——晶闸管KK三串

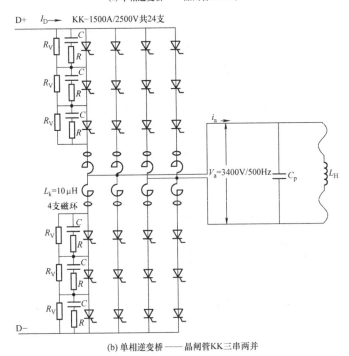

(b) 单相逆变桥——晶闸管KK三串两并

图 1-16　主电路基本结构（二）

R 选择 6Ω，电阻实际功率 P_{RX}：

$$P_{RX} \approx R_X \left[\frac{V_L}{\sqrt{3}} \Big/ \frac{10^6}{2\pi f C_X} \right]^2 = 6 \times \left[\frac{1000}{\sqrt{3}} \Big/ \frac{10^6}{6.28 \times 50 \times 5} \right]^2 \approx 5W,$$

耐受功率 P_{NX} 取 200W——可选购纹波镍电阻 6Ω/200W。

"R-C" 星形联结/中性点接"电力地"，如图 1-17 所示。不推荐△
联结。

③进线电感：进线电感形式为线性电感 L_X 与速饱和电感 L_X 配合，
线性电感 L_X 取 20μH；L_X 取 6 支"磁环"，如图 1-15 所示。

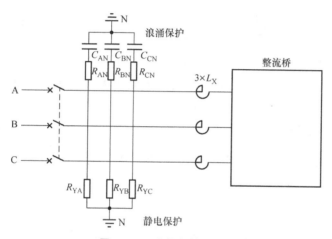

图 1-17　进线保护原理图

④R-C 阻容保护如图 1-15 所示：$R=6Ω$，$C=5μF/3000V$。

电阻实际功率 P_R：

$$P_R \approx R \left[\frac{V_L}{10^6/2\pi fc} \right]^2 = 6 \times \left[\frac{1000}{10^6/6.28 \times 50 \times 5} \right]^2 = 6 \times 2.46 \approx 15W$$

耐受功率 P_{NR} 取 400W——可选购纹波镍带电阻 6Ω/400W。

⑤整流晶闸管选：KP-1000A/3500V 共 12 支。

⑥续流二极管选：ZP-3000A/3000V 两串共 2 支。

⑦滤波电抗 L_D：按两台"双置"设计，每台 10mH，铁芯直径 $\phi=$
280mm，$N=100$ 匝，$\delta=40mm$。

3. 逆变器参数

①晶闸管配置：

a. KK1500A/2800V 三串两并/(f_0＝500Hz)——用 KK1500A/2800V 共 24 支。

b. KK2500A/2800V 三串/(f_0＝300Hz)——用 KK2500A/2800V 共 12 支。

c. 综合考虑，推荐中频电源晶闸管采用 300Hz 的型号。

②$R-C$ 保护：

a. C 选择 2.5μF/3000V；

b. R 选择 4Ω，电阻实际焦耳热功率 P_{RI}：

$$P_{RI}\approx R\left[\frac{V_a}{3}\Big/\frac{10^6}{2\pi fC}\right]^2=4\times\left[\frac{3400}{3}\Big/\frac{10^6}{6.28\times300\times2.5}\right]^2\approx114W$$

耐受功率 P_{NX} 取 1000W——可选购纹波镍带电阻 4Ω/1000W。

③换流电感：L_K 型式为线性电感与速饱和电感配合，线性电感取 10μH，速饱和电感取 4～5 支"磁环"。

④均压电阻：

a. 每支 R_V 的实际焦耳热功率 P_{RV} 取 40W，耐受功率 P_{RJ}＝500W。

b. 均压电阻 R_V 的阻值：

$$R_V=\frac{\left(\dfrac{V_a}{3}\right)^2}{P_{RV}}=\frac{\left(\dfrac{3400V}{3}\right)^2}{40W}=32111\Omega\approx32k\Omega$$

c. 可购纹波电阻 32kΩ/500W 共 12 支（f_0＝300Hz）或 24 支（f_0＝500Hz）。

d. R_V 的实际焦耳热功率 P_{RV} 值不宜过小，过小会影响均压效果，取值时应根据柜体内容注意斟酌。

第2章　单相并联无源逆变器

图 2-1 所示为单相桥式并联无源逆变器的基本电路结构，由两部分组成：

4 支晶闸管——KK1、KK4 与 KK2、KK3，构成单相并联逆变桥；电容 C_p 与感应器 L_H——构成 C_p-L_H 并联谐振槽路。

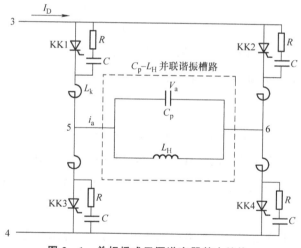

图 2-1　单相桥式无源逆变器基本结构

2.1　逆变桥的主要器件和保护

1. 逆变晶闸管

逆变晶闸管的作用，是按着控制频率 f_o 以一定的角度和时序通和断，

产生频率为 f_0 的方波电压去激励 $C\text{-}L_H$ 槽路。

逆变晶闸管一般选择快速型（国产为 KK、KA、KG 型等）。

（1）关断时间 t_q

①低频大功率逆变器——100～300Hz/兆瓦级，大容量 KK 管的关断时间 t_q 一般为 60～40μs，$C\text{-}L_H$ 槽路功率因数可做到 0.87～0.94。

②中频小功率逆变器——1000～5000Hz/千瓦级，KK 和 KA（KG）管的关断时间 t_q 一般为 20～30μs 和 6～12μs。

（2）正反向重复峰值电压 V_{DRM} 和 V_{RRM}

①逆变器两臂晶闸管以 f_0 的频率换路，对槽路实施方波激励。但因有电抗器 L_D 的恒流作用，逆变管（如 KK 型、KA 型快速管等）承受的是正弦电压——方波激励正弦响应。

②中频电压 V_a 与换流超前角 δ 有关

$$V_a = \frac{1.11V_D}{\cos\delta} \qquad (2-1)$$

在频率较低的情况下，根据负载的轻重，$\delta \approx 15° \sim 25°$。$\delta$ 越大，槽路功率因数越低，中频电压 V_a 的幅值 V_{max} 为

$$V_{max} = \sqrt{2}V_a \qquad (2-2)$$

③并联谐振槽路两端正弦电压平滑，不存在突变。

④V_{DRM} 和 V_{RRM} 的取值要有充分的合理的裕量，一般：

a. 单管使用时：V_{DRM} 和 $V_{RRM} \geqslant 3 \sim 4V_d$ 或 V_{DRM} 和 $V_{EEM} \geqslant [V_{max} + (600 \sim 800V)]$

b. 多管串联使用时：基本原则为串联的每只晶闸管的 V_{DRM} 和 V_{RRM} 的值均不得小于 V_{max}；否则，要加大 $R\text{-}C$ 换流保护电容 C 的值。因为晶闸管的导通时间不可能一致，后导通的晶闸管瞬间要承受全部 V_{max} 值；当 C 值选择较大，晶闸管两端的均压值不会突变，保证了安全换流。

（3）逆变晶闸管通态平均电流 I_T

①逆变晶闸管实际流过的平均电流 I_{SCR} 一般选择为

$$I_{SCR} \leqslant \frac{I_D}{2} \qquad (2-3)$$

此电流供给 $C\text{-}L_H$ 槽路完全转换成焦耳热。

②逆变晶闸管通态平均电流 $I_{T(AV)}$ 的选择，主要考虑可靠性。一般 I_T 值是 I_{SCR} 的 $4\sim6$ 倍，即

$$I_T = (2\sim3)I_D \tag{2-4}$$

2. 逆变晶闸管的保护

逆变晶闸管是被强制关断和强制开通的。强制关断和强制开通必然要产生较大的 $\dfrac{di}{dt}$ 和 $\dfrac{dv}{dt}$。较大的 $\dfrac{di}{dt}$ 和 $\dfrac{dv}{dt}$ 增加了晶闸管 PN 结的开通损耗，大大降低了晶闸管的使用寿命，造成频繁击穿的现象。为了使晶闸管安全换流，必须设置缓冲-吸收保护电路。

图 2-2 所示为 RC 缓冲电路。在 KK 通断时，由于 C 的存在，抑制了 $\dfrac{dv}{dt}$，保护了 KK 的 PN 结，避免其过热和击穿。

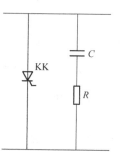

①KK 截止瞬间，为了抑制过高的 $\dfrac{dv}{dt}$，希望 R 阻值小一些。

②KK 导通瞬间，为了抑制 C 过高的放电电流的 $\dfrac{di}{dt}$，希望 R 阻值大一些。

图 2-2　RC 缓冲电路

情况①和情况②对 R 的取值要求相反。因此，R 的取值很难"两全"，只好折中——一般取值范围为

3000kW 以上/$100\sim300$Hz/进线电压 660V 以下：R 取 $4\sim6\Omega/400$W；

1000kW 以下/$1000\sim3000$Hz/进线电压 575V 以下：R 取 $5\sim8\Omega/500$W。

为了延长 R 的使用寿命，推荐使用水冷电阻。

KK 的实际承受电压增加或实际运行频率增加，都要适当增加 R 的阻值，以避免 PN 结因 C 放电过大而过热。

C 取值：

3000kW 以上/$100\sim300$Hz/进线电压 660V 以下：C 取 $3\sim4\mu$F；

1000kW 以下/$1000\sim3000$Hz/进线电压 575V 以下：C 取 $0.68\sim1\mu$F。

最好采用无感电容；1000Hz 以上者必须用无感电容。电容 C 的标称
耐压值应不小于实际承受电压的 2 倍。

3. 逆变晶闸管的并联

①晶闸管的并联，必须有均流措施。众所周知，半导体器件参数分散
性很大。不同晶闸管强触导通后的伏安特性曲线如图 2-3 所示。多支并
联晶闸管两端电压是相同的。但不同的伏安特性曲线却使流过每支晶闸管
的电流大不相同。

②晶闸管并联时，由于每支晶闸管的通态峰值电压 V_{TM}（习称管压
降）不同，当 V_{TM} 相差悬殊时，其中 V_{TM} 最大者可能因正向阳极电压不足
而不能导通。

③均流方法很多。大功率晶闸管一般采用串联线性电感 L_K 均流。逆
变器 KK 管串联线性电感 L_K 均流，有两个功能：

a. L_K 线圈有电感，也有电阻，有很好的均流作用。

b. L_K 线圈的电感，能限制逆变器 KK 管换路时的 $\dfrac{\mathrm{d}i}{\mathrm{d}t}$。$L_K$ 称为换流电

感，电感量按给定的 $\dfrac{\mathrm{d}i}{\mathrm{d}t}$ 值通过计算确定。确定后的线性电感 L_K，具有均

流和限制 $\dfrac{\mathrm{d}i}{\mathrm{d}t}$ 两个功能。L_K 线圈的线性电感值计算和设置非常重要。下面

将专设一节讨论 L_K 换流电感。

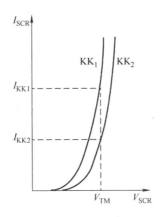

图 2-3　晶闸管并联时电流不均衡

2.2 并联逆变桥的换流电感

1. 并联逆变桥基本工作过程

逆变桥的基本电路如图 2－4 所示。快速晶闸管 KK1、KK4 为桥臂一，KK2、KK3 为桥臂二。当逆变器启动后，C_p－L_H 槽路开始正弦振荡。频率跟踪–逆变触发系统控制桥臂一和桥臂二，即按正弦振荡频率 f_0 和超前角 δ 被轮番触发导通。桥臂一和桥臂二分别负责正负半周的补能，补能角度各为（$\pi－\delta$）。

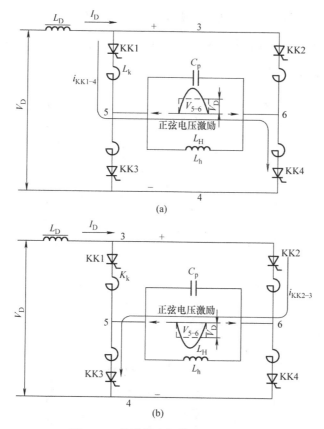

(a)

(b)

图 2－4　并联逆变桥基本工作过程

逆变启动时刻，恒流源激励的动态电路——C_p - L_H 槽路为零状态响应。

启动成功，两桥臂规律地换路，恒流源激励的动态电路——C_p - L_H 槽路为二阶电路的全响应。换路的具体时刻安排为：槽路正弦振荡每半周期，使电流超前电压为 δ 角时刻强迫两臂换路。桥臂一和桥臂二规律地换路是设备稳定工作的状态。但每次换路都是一次动态过程。设备稳定工作状态下，恒流源按 f_0 频率正弦电压（方波的基波）的激励，使 C_p - L_H 二阶电路的全响应基本为等幅振荡。为了清楚 L_K 的重要作用，我们对换路时刻的过渡过程进行暂态分析。

稳定工作状态的槽路电量关系：设备在稳定工作状态，整流器输出电压 V_D 经电抗器 L_D 之后变为恒流源 I_D 后经逆变桥转换为 C_p - L_H 并联谐振槽路有功电流 i_a 和负载电压 V_a。C_p - L_h 并联谐振槽路的正弦振荡电流为 i_{C_p-Lh}，如图 2 - 5 所示。

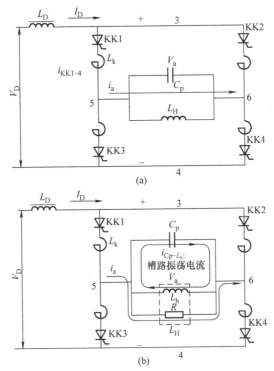

图 2 - 5 并联型槽路的电量

①中频电压 V_a：逆变控制强迫并联谐振槽路中频电压 V_a 滞后 i_a 一个角度 δ。因此，作为恒流源的负载，C_p-L_H 并联谐振槽路的功率因数 $\cos\delta \neq 1$。请注意：尽管强触频率等于槽路振荡频率 f_0，但因 $\cos\delta \neq 1$，C_p-L_H 并联谐振槽路的工作仍属失谐状态。

超前角 δ 很小，一般 δ 值范围为低于 $20°\sim25°$、即 $\cos\delta$ 应大于 $0.90\sim$ 0.94。有时为了简化，计算公式可按槽路谐振（$\delta=0°$）状态推导，抑或进行某些忽略，其误差并不失工程设计的准确性。

回看图 2-4（a）和（b），C_p-L_H 并联谐振槽路的输入端为 5、6，激励电压为直流 V_D 换路产生方波的正弦基波 V_{5-6} 即中频电压 V_a。

如图 2-6 所示，忽略换流角度 γ 的影响，中频电压 V_a 近似公式为

$$V_{5-6}=V_a=\frac{1.11V_D}{\cos\delta} \to \cos\delta=\frac{1.11}{\dfrac{V_a}{V_D}}\approx\frac{1.11}{1.35}=0.82 \quad (一般 \frac{V_a}{V_D}\approx1.3\sim1.4)$$

$$(2-5)$$

则中频电压 V_a 的幅值 V_{amax} 为

$$V_{amax}=\sqrt{2}V_a=\frac{1.57V_D}{\cos\delta} \tag{2-6}$$

②中频电流 i_a：从图 2-6 并联逆变换流波形图可知，i_a 是连续的梯形波。将梯形波近似为方波，对其谐波的叠加用傅氏级数展开：

$$i_a(\omega t)=\frac{4}{\pi}I_D\left(\sin\omega t+\frac{1}{3}\sin3\omega t+\frac{1}{5}\sin5\omega t+\cdots\right) \tag{2-7}$$

式中基波分量 $i_{a基}$ 为

$$i_{a基}(\omega t)=\frac{4}{\pi}I_D\sin\omega t \tag{2-8}$$

$i_{a基}$ 的幅值 $i_{a基m}$ 为

$$i_{a基m}=\frac{4}{\pi}I_D \tag{2-9}$$

则有效值 $i_{a基}$ 为

$$i_{a基}=\frac{i_{a基m}}{\sqrt{2}}=\frac{\dfrac{4}{\pi}I_D}{\sqrt{2}}=0.9I_D \tag{2-10}$$

逆变桥从并联谐振槽路 5、6 端输入的中频电流 i_a 包括 3 次以上的谐

波，因此 $i_a > i_{a基}$。3 次以上的谐波电流为无功，基波电流 $i_{a基}$ 为有功。

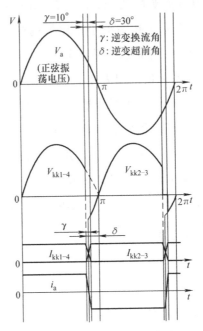

图 2-6 并联逆变换流波形

③振荡电流 i_{Cp-Lh}：图 2-5（b）中，i_{Cp-Lh} 是无功电流，在 C_p 和 L_h（负荷感应器 L_H 电感分量）闭合回路，以频率 f_0，相互完全补偿即振荡，不索取恒流源能量。而 R 是感应加热的等效电阻，流过 R 的 i_a 是有功电流，索取恒流源能量。按图 2-5（b）的电路，L_H 的两个分量是 R 和 L_h，我们近似 C_p-L_H 槽路为谐振状态，i_a 即谐振电流。则 C_p-L_H 并联谐振槽路的 Q 值为

$$Q = \frac{R}{2\pi f_0 L_h} \tag{2-11}$$

槽路振荡电流为
$$i_{Cp-Lh} = Q i_a \tag{2-12}$$

或
$$i_{Cp-Lh} \approx \frac{Q_C}{V_C} \tag{2-13}$$

2. 并联逆变桥的换流电感 L_K

逆变桥两臂按正弦振荡频率 f_0 和超前角 δ 被轮番触发导通。桥臂一和桥臂二分别负责正负半周的补能，使 C_p-L_H 二阶电路的全响应基本为

等幅振荡，使中频电源稳定运行。超前角 δ 是原导通臂晶闸管还未自然关断即正弦电压还未降至零，就提前触发另一臂的角度，使原导通臂晶闸管承受反压被强迫关断称为强迫换流。

强迫换流，比如 KK1、KK4（桥臂一）正在导通，KK2、KK3（桥臂二）原关断现超前 δ 被触发，如图 2-6 和图 2-7 所示。KK1、KK4 因 KK2、KK3 导通而承受反压。KK1、KK4 开始关断，KK2、KK3 开始导通，电流 I_D 从桥臂一转移到桥臂二。晶闸管是三结四区电流控制的半导体器件，结电容较大，大的电流变化率会使 PN 结失控导致晶闸管击穿。一般快速晶闸管（如 KK 型）的通态电流临界上升率 $di/dt \geqslant 100\text{A}/\mu\text{s}$；实际使用值 $di/dt \approx (30\sim50\text{A})/\mu\text{s}$。$di/dt$ 上升导致晶闸管寿命下降。实践和文献均显示，di/dt 增加到原来的 2 倍，晶闸管寿命减少到原来的 $1/4$；"di/dt"与"寿命"近乎为平方关系。

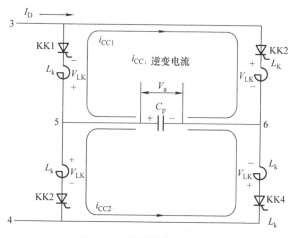

图 2-7 并联逆变两臂换流

为确保逆变桥两臂安全换流，使换流 di/dt 在 $30\sim50\text{A}/\mu\text{s}$ 范围内，将逆变晶闸管串联换流电感 L_K，换流的物理过程，换流电感 L_K 计算和换流电感的合理布置这些内容下面将进行具体分析。

（1）换流的物理过程如图 2-8 和图 2-9 所示。

①初始状态：KK1、KK4（桥臂一）导通，KK2、KK3（桥臂二）关断，C_p 正弦电压"左正右负"。

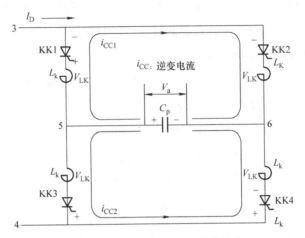

图 2-8 KK2、KK3 导通时的等效电路

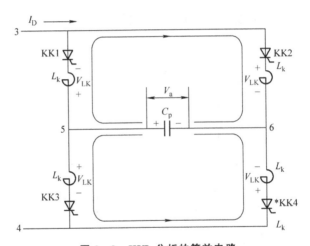

图 2-9 KVL 分析的等效电路

②t_1 时刻（超前角 δ）：触发桥臂二。KK2、KK3 导通电流增加导致 KK1、KK4 承受反压开始电流减小，见图 2-10 电流波形和图 2-8 等效电路。注意：此时刻逆变桥处于短路状态，但 L_D 的"恒流作用"基本使 I_D 值未变。

③t_2 时刻：KK2、KK3 电流增至 I_D 同时 KK1、KK4 电流减小至零，两臂换流结束。即 KK2、KK3 流过全部负载电流，KK1、KK4 开始关断。

④$t_2 \sim t_3$ 时段：KK1、KK4 关断，安全裕量增加。

⑤t_{io}时刻：中频电流 i_a 过零时刻。

⑥中频电压 V_a 滞后中频电流 i_a 的角度 δ_{iv}，等于触发超前角 δ 减去 $\dfrac{\gamma}{2}$，即

$$\delta_{iv} = \delta - \frac{\gamma}{2}$$

（2）换流电感 L_K 的计算

t_1 时刻触发桥臂二，KK1、KK4 承受反压开始载流子的中和——等效于反向电流。根据基尔霍夫电压定律（KVL）：电路的任意瞬间任意回路上电压的代数和为零。依此绘出图 2-9 的等效电路。这里只分析图 2-9 上回路。下回路类同。

t_1 时刻，触发桥臂二逆变桥开始换流。C_p 与 L_K 上的电压极性如图 2-10 所示。列出 KVL 方程

$$V_a + V_{LK} + V_{LK} = 0 \tag{2-14}$$

从图 2-9 可看出，两支 L_K 上的电压 V_{LK} 极性都与 V_a 相反。因此有

$$V_a = V_{LK} + V_{LK} \tag{2-15}$$

而各电量的瞬时值为

$$V_a = \sqrt{2}\, V_a \sin\delta \tag{2-16}$$

$$V_{LK} = L_K \frac{\mathrm{d}i}{\mathrm{d}t} \tag{2-17}$$

因此在超前角 δ 时刻有

$$\sqrt{2}\, V_a \sin\delta = 2L_K \frac{\mathrm{d}i}{\mathrm{d}t} \tag{2-18}$$

超前角 δ 时刻的 $\mathrm{d}i/\mathrm{d}t$ 值最大：

$$\frac{\mathrm{d}i}{\mathrm{d}t} = \frac{\sqrt{2}\, V_a \sin\delta}{2L_K} = \frac{\sqrt{2}}{2L_K} V_a \sin\delta \tag{2-19}$$

$$L_K = \frac{\sqrt{2}\, V_a \sin\delta}{2\, \dfrac{\mathrm{d}i}{\mathrm{d}t}} \tag{2-20}$$

换流时间近似值 t_K：

$$t_K \approx \frac{I_D}{\left(\dfrac{di}{dt}\right)} \qquad\qquad (2-21)$$

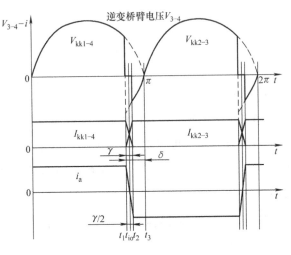

图 2 - 10 电流波形

式（2-19）与式（2-20），是计算换流电感的基本公式。长期实践证明，KK 型快速晶闸管的实际 di/dt 值以不大于 $50A/\mu s$ 为宜；KA 型快速晶闸管 di/dt 值大于 $50A/\mu s$。

（3）换流电感 L_K 的布置

①逆变桥臂单支晶闸管时，换流电感 L_K 布置，如图 2-11 所示。

a. 每支 KK 管串一支线性电感 L_K。图 2-11（a）所示。线性电感一般用铜管绕成螺线管型，电感值是线性的，在桥臂短路时有良好的电流抑制作用。

b. 每支 KK 管串铁氧体磁环——速饱和型换流电感 L_K'。如图 2-11（b）所示。下面略述速饱和型换流电感 L_K' 的特点。

常用铁氧体磁环 B_S 值在 $1000\sim4000GS$，μ 值在数百到数千亨利每米。与所有磁性材料一样，μ 值随磁感应强度 B 的增大而减小，当 $B=B_S$ 时，$\mu\approx1$。而 μ 值与电感量是正比关系。图 2-12 所示为速饱和型换流电感 L_K' 在换流时的动态过程示意。t_1 时刻两臂开始换流，此时刻 $V_a\sin\delta$、di/dt 值最大且 L_K' 电感量也最大，从而有利于抑制 di/dt。在动态区 di/dt

随 V_a 按正弦规律的减小而减小，这会延长换流时间而不利于启动。但在 L'_K 随着 KK1、KK4 电流逐渐升高，磁感应强度 B 增高或达到饱和值 B_s 导致在动态区后期 L'_K 的电感量下降和 di/dt 上升。

铁氧体磁环的 L'_K 在动态区前期电感量高，动态区后期电感量低，客观上有效地限制了 di/dt，又缩短了换流时间，有利于提高启动成功率。

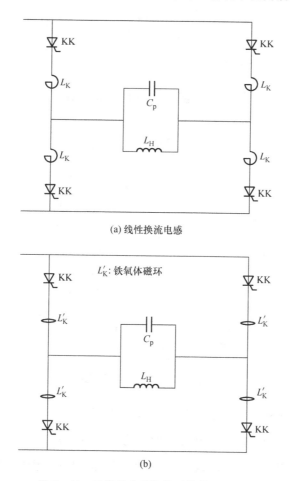

(a) 线性换流电感

(b)

图 2 - 11　桥臂单支晶闸管时的换流电感

②逆变桥臂单支晶闸管时，复合型换流电感布置。如图 2 - 13 所示，用 L_K 与 L'_K 串联组成换流电感。其综合了两者的优点：L_K 有利于抑制桥臂短路电流；L_K 缩短了换流时间提高了启动成功率。

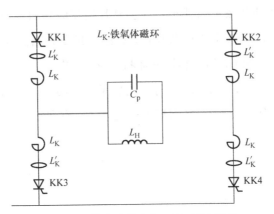

图 2 - 12　换流过程中的 di/dt 是动态值

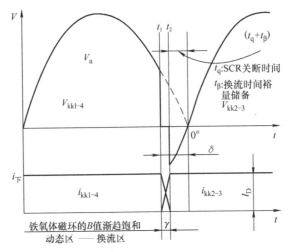

图 2 - 13　复合型换流电感

③桥臂晶闸管并联时换流电感 L_K 的布置

逆变桥臂的晶闸管并联使用时，为了兼顾均流，只能用线性换流电感。不可使用铁氧体（硅钢片等）磁环等速饱和型电感做换流电感，因为这类电感不能均流。

布置安装方式一，每支晶闸管串一支线性换流电感，如图 2 - 14 所示。此方式最佳。

布置安装方式二，是在逆变桥输出端 5、6 布置换流电感，如图 2 - 15 所示。此方式不能均流，也不能抑制逆变桥臂短路电流。严格地讲，在技术上是错误的，不可推荐。

逆变桥臂的晶闸管单管使用时，布置安装方式二也不可推荐，因为不能抑制逆变桥臂短路电流。

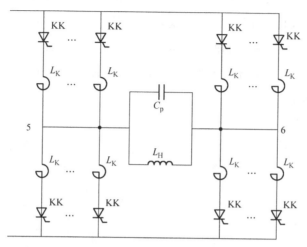

图 2 - 14 逆变桥臂晶闸管并联时换流电感的布置

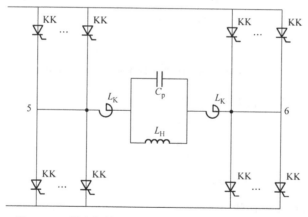

图 2 - 15 逆变桥输出端 5、6 布置换流电感（不推荐）

（4）换流电感 L_K 的计算举例

①KGPS - 250kW/700Hz 中频电源换流电感 L_K 的计算，如图 2 - 16 所示。

a. 取 $di/dt = 50A/\mu s$。

b. 电感 L_K 为

$$L_K = \frac{\sqrt{2}V_a \sin\delta}{2\frac{di}{dt}} = \frac{\sqrt{2} \times 620V \times \sin 31°}{2 \times 50} = 4.4\mu H$$

从图 2−16 可知，实际的 L_K 数值应包括 5−5′段铜母与 6−6′段铜母的电感。一般长直导线在没有互感的情况下，为 $1\mu H/m$。就本例，若两段铜母没有互感，则绕制的线性电感应为 $4.4\mu H - 1.5\mu H = 2.9\mu H$；若两段铜母有互感，则每米电感要小于 $1\mu H$，绕制的线性电感应酌情增加使之大于 $2.9\mu H$。

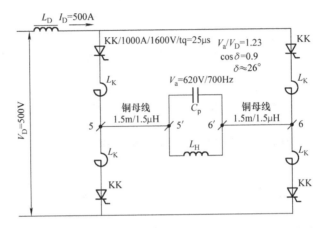

图 2−16 KGPS−250kW/700Hz 中频电源换流电感 L_K 布置

c. 额定运行换流时间近似值 t_K：

$$t_K \approx \frac{I_D}{\left(\frac{di}{dt}\right)} = \frac{500}{50} = 10\mu s$$

d. 额定运行与启动条件的评估：

额定运行换流评估：

Ⅰ. 触发超前角 δ 对应的时间 t_δ：

$$t_\delta = \delta\frac{10^6\mu s}{700Hz \times \frac{360°}{Hz}} = 25° \times (3.97\mu s/°) = 99\mu s$$

Ⅱ. $t_K + t_q = 10\mu s + 25\mu s = 35\mu s$。

Ⅲ. 换流时间的裕量储备 t_β：

$$t_\beta = t_\delta - t_K - t_q = 99\mu s - 10\mu s - 25\mu s = 64\mu s$$

结论：额定运行时换流可靠。

启动时换流分析：

启动是个动态过程，参量变化随机性较大，只能估算；下面以零压启动为例进行讨论。

Ⅰ. 启动瞬间：$V_D \approx 500V \times 10\%$，$V_a \approx 80V$，$I_D \approx 200A$。

Ⅱ. $\dfrac{di}{dt} = \dfrac{\sqrt{2}V_a\sin\delta}{2L_K} = \dfrac{\sqrt{2} \times 80V \times \sin25°}{2 \times 4.4\mu \dfrac{V \cdot s}{A}} = \dfrac{5.4A}{\mu s}$。

Ⅲ. 启动过程换流时间 t_K：$t_K = \dfrac{I_D}{\left(\dfrac{di}{dt}\right)} = \dfrac{200A}{\left(\dfrac{5.4A}{\mu s}\right)} = 37\mu s$。

Ⅳ. $t_K + t_q = 37\mu s + 25\mu s = 62\mu s$。

Ⅴ. 换流时间的裕量储备 t_β：

$$t_\beta = t_\delta - t_K - t_q = 99\mu s - 37\mu s + 25\mu s = 37\mu s$$

结论：启动过程换流尚可。严重超载（比如冻炉）启动过程换流可能困难，须采取措施改善启动条件，如暂时减少 C_p，启动时短路 L_K，炉体水缆串磁环，暂时增大超前角 δ 等。

②KGPS - 250kW/5000Hz 中频电源换流电感 L_K 的计算及逆变桥配置优化，如图 2 - 17 所示。

a. 取 $di/dt = 50A/\mu s$。

b. 电感 L_K：

$$L_K = \frac{\sqrt{2}V_a\sin\delta}{\left(2\dfrac{di}{dt}\right)} = \frac{\sqrt{2} \times 620V \times \sin31°}{\left(2 \times \dfrac{50A}{\mu s}\right)} = 4.4\mu H$$

5000Hz 的 5－5'段与 6－6'段铜母要做的很短，电感很小，忽略不计。

c. 额定运行换流时间近似值 t_K：

如图 2 - 17 所示，逆变桥臂晶闸管为 KG - 300A/1600V 四支并联，每支的电流为 $I_D/4$。

$$t_K \approx \frac{I_D}{\left(4\dfrac{di}{dt}\right)} = \frac{500A}{\left(4 \times \dfrac{50A}{\mu s}\right)} = 2.5\mu s$$

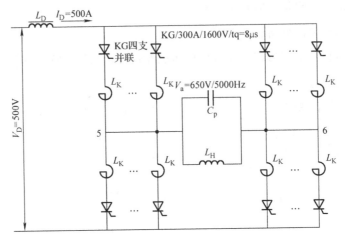

图 2 - 17　KGPS - 250kW/5000Hz 的 L_K 布置

额定运行换流分析：

Ⅰ. 触发超前角 δ 对应的时间 t_δ：

$$t_\delta = \delta \frac{10^6 \mu s}{\left(5000 Hz \times \frac{360°}{Hz}\right)} = 31° \times 0.56 \mu s = 17 \mu s$$

Ⅱ. $t_K + t_q = 2.5 \mu s + 8 \mu s = 10.5 \mu s$。

Ⅲ. 换流时间的裕量储备 t_β：

$$t_\beta = t_\delta - t_K - t_q = 17 \mu s - 2.5 \mu s - 8 \mu s = 6.5 \mu s$$

结论：额定运行时换流可靠。

启动时换流分析：

启动是个动态过程，参量变化随机性较大，只能估算；下面以零压启动为例进行讨论。

Ⅰ. 启动瞬间：$V_D \approx 500V \times 10\%$，$V_a \approx 80V$，$I_D \approx 100A$（$f_0$ 较高时，启动负荷宜小于额定值）。

Ⅱ. $\dfrac{\mathrm{d}i}{\mathrm{d}t} = \dfrac{\sqrt{2} V_a \sin\delta}{2L_K} = \dfrac{\sqrt{2} \times 80V \times \sin 31°}{2 \times 4.4 \mu \dfrac{V \cdot s}{A}} = 6.6 A/\mu s$。

Ⅲ. 启动过程换流时间 t_K：$t_K = \dfrac{I_D}{\left(\dfrac{\mathrm{d}i}{\mathrm{d}t}\right)} = \dfrac{\dfrac{100A}{4}}{\left(\dfrac{6.6A}{\mu s}\right)} = 3.79 \mu s$。

Ⅳ. $t_K + t_q = 3.79\mu s + 8\mu s = 11.79\mu s$。

Ⅴ. 换流时间的裕量储备 t_β：

$$t_\beta = t_\delta - t_K - t_q = 17\mu s - 3.79\mu s - 8\mu s = 5.2\mu s$$

结论：启动过程换流尚可。严重超载（比如冻炉）启动过程换流将很困难，须采取措施改善启动条件，如暂时减少 C_p，启动时短路 L_K，炉体水缆串磁环，暂时增大超前角 δ 等。因此，在 f_0 较高时，逆变晶闸管不但要选用 KG 型，而且要适当增加并联，并联数增加一倍，启动成功率就增加一倍，这是逆变桥配置优化重要内容之一。

③KGPS - 4000kW/400Hz 中频电源换流电感 L_K 的计算，如图 2 - 18 所示。

a. 取 $di/dt = 50A/\mu s$。确定超前角 $\delta = 25°$。

b. 电感 L_K 为

$$L_K = \frac{\sqrt{2}V_a\sin\delta}{\left(2\dfrac{di}{dt}\right)} = \frac{\sqrt{2}\times 1600\times\sin 25°}{2\times 50} = 9.6\mu H$$

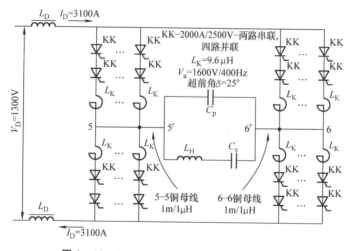

图 2 - 18　KGPS - 4000kW/400Hz 的 L_K 布置

从图 2 - 18 可知，5—5′ 段铜母与 6—6′ 段铜母的电感为 $4\mu H$。两段铜母没有互感，则绕制的线性电感应为 $9.6\mu H - 2\mu H = 7.6\mu H$。

c. 额定运行换流时间近似值 t_K：

$$t_K \approx \frac{\left(\dfrac{I_D}{4}\right)}{\left(\dfrac{di}{dt}\right)} = \frac{\left(\dfrac{3100}{4}\right)}{50} = 15.5\mu s$$

d. 额定运行与启动条件的评估：

额定运行换流评估：

Ⅰ. 触发超前角 δ 对应的时间 t_δ：

$$t_\delta = \delta \frac{10^6 \mu s}{400Hz \times \left(\dfrac{360°}{Hz}\right)} = 25° \times (6.9\mu s/°) = 173.6\mu s$$

Ⅱ. $t_K + t_q = 15.5\mu s + 40\mu s = 55.5\mu s$。

Ⅲ. 换流时间的裕量储备 t_β：

$$t_\beta = t_\delta - t_K - t_q = 173.6\mu s - 15.5\mu s - 40\mu s = 118\mu s$$

结论：额定运行时换流可靠。

启动时换流分析：

启动是个动态过程，参量变化随机性较大，只能估算；下面以零压启动为例进行讨论。

Ⅰ. 启动瞬间：$V_D \approx (1300V \times 10\%)$，$V_a \approx 160V$，$I_D \approx 700A$。

Ⅱ. 启动时刻的 $\dfrac{di}{dt}$：

$$\frac{di}{dt} = \frac{\sqrt{2}V_a \sin\delta}{2L_K} = \frac{\sqrt{2} \times 160V \times \sin25°}{2 \times 9.6\mu\left(\dfrac{V \cdot s}{A}\right)} = 4.95A/\mu s$$

Ⅲ. 启动过程换流时间 t_K：

$$t_K \approx \frac{\left(\dfrac{I_D}{4}\right)}{\left(\dfrac{di}{dt}\right)} = \frac{\left(\dfrac{700A}{4}\right)}{\left(\dfrac{4.95A}{\mu s}\right)} = 35.4\mu s$$

Ⅳ. $t_K + t_q = 35.4\mu s + 40\mu s = 75.4\mu s$。

Ⅴ. 换流时间的裕量储备 t_β：

$$t_\beta = t_\delta - t_K - t_q = 147.5\mu s - 35.4\mu s - 40\mu s = 72.1\mu s$$

结论：启动过程换流可靠。超载（如满炉冷料）启动过程换流，仍有足够时间裕量 t_β 值。

若逆变桥臂晶闸管改为 KK3000A/2500V 两支串联,两支并联,每支的电流为 $I_D/2$。则

$$t_K = \frac{\left(\dfrac{700A}{2}\right)}{\left(\dfrac{4.95A}{\mu s}\right)} = 70.7\mu s, \quad t_\beta = t_\delta - t_K - t_q = 147.5\mu s - 70.8\mu s - 40\mu s$$

$= 36.7\mu s,$

换流时间裕量储备 t_β 太小,启动换流成功率下降。所以逆变晶闸管要适当增加并联,并联数增加一倍,启动成功率就增加一倍,这是逆变桥配置优化重要内容之一。本例为 KK2500A/2500V 两路串联,四路并联是最佳配置。KK3000A/2500V 两路串联,两路并联配置不是最佳优化。

④KGPS - 3000kW/200Hz 中频电源换流电感 L_K 的计算及逆变桥配置优化,如图 2 - 19 所示。

a. 取 $di/dt = 50A/\mu s$。确定超前角 $\delta = 25°$。

b. 电感 L_K 为

$$L_K = \frac{\sqrt{2}V_a\sin\delta}{\left(2\dfrac{di}{dt}\right)} = \frac{\sqrt{2}\times 1050 \times \sin 25°}{2\times 50} = 6.3\mu H$$

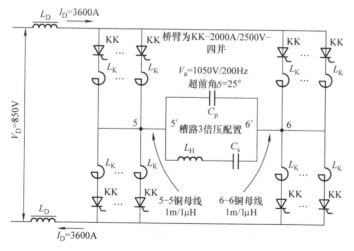

图 2 - 19　KGPS - 3000kW/200Hz 的 L_K 布置

从图 2 - 19 可知,5-5′ 段铜母与 6-6′ 段铜母的电感和为 $2\mu H$。两段铜母没有互感,则绕制的线性电感应为 $6.3\mu H - 1\mu H = 5.3\mu H$。

c. 额定运行换流时间近似值 t_K：

$$t_K \approx \frac{\left(\dfrac{I_D}{4}\right)}{\left(\dfrac{\mathrm{d}i}{\mathrm{d}t}\right)} = \frac{\left(\dfrac{3600}{4}\right)}{50} = 18\mu s$$

d. 额定运行与启动条件的评估：

额定运行换流评估：

Ⅰ. 触发超前角 δ 对应的时间 t_δ：

$$t_\delta = \delta \frac{10^6 \mu s}{200\mathrm{Hz} \times \left(\dfrac{360°}{\mathrm{Hz}}\right)} = 25° \times (13.9\mu s/°) = 347\mu s$$

Ⅱ. $t_K + t_q = 18\mu s + 40\mu s = 58\mu s$。

Ⅲ. 换流时间的裕量储备 t_β：

$$t_\beta = t_\delta - t_K - t_q = 347\mu s - 18\mu s - 40\mu s = 289\mu s$$

结论：额定运行时换流可靠。

启动时换流分析：

启动是个动态过程，参量变化随机性较大，只能估算；下面以零压启动为例进行讨论。

Ⅰ. 启动瞬间：$V_D \approx (1050V \times 10\%)$，$V_a \approx 105V$，$I_D \approx 800A$。

Ⅱ. 启动时刻的 $\mathrm{d}i/\mathrm{d}t$：

$$\frac{\mathrm{d}i}{\mathrm{d}t} = \frac{\sqrt{2}V_a \sin\delta}{2L_K} = \frac{\sqrt{2} \times 105V \times \sin25°}{2 \times 6.3\mu \dfrac{V \cdot s}{A}} = 4.98A/\mu s$$

Ⅲ. 启动过程换流时间 t_K：

$$t_K \approx \frac{\left(\dfrac{I_D}{4}\right)}{\left(\dfrac{\mathrm{d}i}{\mathrm{d}t}\right)} = \frac{\left(\dfrac{800A}{4}\right)}{\left(\dfrac{4.98A}{\mu s}\right)} = 40.2\mu s$$

Ⅳ. $t_K + t_q = 40.2\mu s + 40\mu s = 80.2\mu s$。

Ⅴ. 换流时间的裕量储备 t_β：

$$t_\beta = t_\delta - t_K - t_q = 347.5\mu s - 40.2\mu s - 40\mu s = 266.8\mu s$$

结论：启动过程换流可靠。超载启动过程换流，仍有足够时间裕量储

备 t_β 值。

若逆变桥臂晶闸管改为 KK3000A/2500V 两串两并，每支的电流为 $I_D/2$。则

$$t_K = \frac{\left(\dfrac{800A}{2}\right)}{\left(\dfrac{4.98A}{\mu s}\right)} = 80.4\mu s, \quad t_\beta = t_\delta - t_K - t_q = 347.5\mu s - 80.4\mu s - 40\mu s$$

$=227\mu s$，

储备 t_β 充裕，启动换流成功率仍很高。

通过上述四例，读者可基本掌握 L_K 的计算方法。为了使 L_K 值计算成为最佳优化过程，要理解掌握以下几点：

①晶闸管器件通态电流临界上升率 $\dfrac{di}{dt}$ 参数厂家标称值一般为100A/μs。额定运行时其实际使用值小于50A/μs，其值越大则晶闸管寿命越短。

②L_K 电感值按额定运行条件计算，取实际使用值 $\dfrac{di}{dt} = 50A/\mu s$，各相关量代入式（2-20）计算。

③启动——恒流源激励的动态过程同时要兼顾 $C_p - L_H$ 槽路零状态响应，所以启动换流更困难。由 KVL 方程推导的式（2-19）和式（2-20）等是估算启动换流 $\dfrac{di}{dt}$ 的基本公式。对于零压启动方式，$V_a \approx 10\%$ 额定中频电压，从公式（2-19）可知，启动换流时间比额定运行换流时间长 10μs 左右。

④改善启动条件，即改善换流条件——减少换流时间，最可行的方法就是逆变晶闸管并联支数适当增加。

⑤从限制 $\dfrac{di}{dt}$、抑制逆变桥短路电流及均流等考虑，L_K 以用线性电感为最佳选择。

3. 并联谐振型与串联谐振型中频电源过电流保护的特点

并联谐振型逆变桥的桥臂一和桥臂二的交替工作，靠强迫换流实现，即仍处通态的桥臂一靠桥臂二提前触发产生的反压而被关断；逆变触发脉冲的丢失一定造成换流失败——逆变颠覆。因此，在设备需要过电流保护

时刻，须迅速封锁整流触发脉冲阻断恒流源，但绝对不可封锁逆变触发脉冲——人为制造逆变颠覆！

并联谐振型逆变桥两臂电流有重叠，激励电流必然是连续的。两臂强迫换流时刻，即是逆变桥晶闸管全部导通短路时刻。短路频率为 f_0。因此，并联谐振型逆变器的独立电源激励，必须是良好的恒流源——L_D 须有足够的电感，以抑制换流时刻的短路电流。

并联谐振型逆变桥强迫换流的"超前角 δ"过小不能启动，但不会造成人身设备事故。

串联谐振型逆变器的桥臂一和桥臂二的交替工作，靠自然（关断）换流实现，即桥臂一正弦电流自然到零后，再适当延时（截止角）触发桥臂二而实现换流。截止角期间槽路以有源电流形式向恒压源反馈能量，反馈频率为 f_K（小于 f_0）。此期间，逆变桥晶闸管全部为截止状态，两臂电流无重叠，激励电流必然断续，恒压源电压始终正常平滑。在设备需要过电流保护时刻，须先迅速封锁逆变触发脉冲，隔断恒压源对串联槽路激励。但绝对不可首先封锁整流触发脉冲，以避免造成恒压源陡瞬间激励失衡逆变颠覆！

串联谐振型逆变桥两臂电流无有重叠，激励电流必然是断续的。两臂平稳地换流要求激励电压平滑，因此，串联谐振型逆变器的独立电源激励，必须是良好的恒压源——足够的电容和适值的电抗构成 Γ 型滤波电路，保证正常换流和抑制短路电流。

串联谐振型逆变桥换流的"截止角 δ"不设置死区，会造成严重的人身设备事故。

合格的并联谐振型中频电源中控板的"截流"与"过电流"保护必须是一级——由控制整流桥触发脉冲的"α 角"与"封锁"来实现，逆变桥触发脉冲不设"封锁控制"。反馈电流信号采样三相进线。

合格的串联谐振型中频电源中控板的"截流"与"过电流"保护必须是两级——第一级由控制逆变桥触发脉波的"δ 角"与"封锁"来实现。第二级由控制整流桥触发脉波的"α 角"与"封锁"来实现。第二级"截流-过电流"值是第一级的 1.3～1.5 倍。两级反馈电流信号均采样三相进线。逆变桥触发脉波"封锁控制必须先于整流桥"。

第3章　振荡槽路的理论与应用

3.1　感应器的物理分析与设计思想

感应器（下简称 L_H）是通过电磁转换，将电能变成热能的主要电—磁—电转换器件。直接传递能量的载体是磁通 Φ。L_H 的几何尺寸、负载性状和匝数 N_1 等，决定着它的重要物理参数如电感量 L_h、额定磁势 F_{LH} 及相关参数与电量。中频电源的中央控制板负责控制整流-逆变开关器件等按给定运行；而 C-L_H 振荡槽路的设计决定着中频电源能否高效运行，即 C-L_H 谐振（振荡）槽路硬件参数决定中频电源的运行质量。实践中，中频电源的低效运行，多是槽路设计问题而不是中控板的问题。L_H 的设计水平决定着中频电源运行效率与质量。为此，我们有必要对 L_H 电磁物理参数进行具体分析，重点搞清物理概念。

1. L_H 的磁通分析

为了便于理解与讨论，将 L_H（有效匝数）及负载等效为变压器 T_{LH}，L_H 为一次侧，负载为二次侧。如图 3-1 所示，可把磁通作用分成四个分量，然后根据电磁感应定律找出规律。

①L_H 的磁势 F_1 及其产生的磁通 Φ_1。

图 3-1 感应器 L_H 的磁通示意图中。L_H 匝数为 N_1 匝，电流有效值为 I_1。则 L_H 的磁势 F_1 为

$$F_1 = I_1 N_1$$

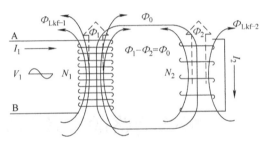

图 3-1 L_H 的四种磁通分量示意

磁通势 F_1 产生的磁通 Φ_1 为

$$\Phi_1 = \frac{F_1}{R_M} \tag{3-1}$$

式中，R_M 是磁阻，与磁路长度 l 成正比，与磁路截面积 S 成反比，与磁路材料磁导率 μ 成反比，其单位是 $\frac{1}{H}$。

$$R_M = \frac{l}{\mu s} \tag{3-2}$$

一般用"相对磁导率 μ_r"来表示物质磁导率。物质磁导率 μ 与真空磁导率 μ_0 之比称为相对磁导率 μ_r：

$$\mu_r = \frac{\mu}{\mu_0} \ (\mu_0 = 4\pi \times 10^{-7}) \tag{3-3}$$

②L_H 的负载等效为变压器 T_{LH} 的二次侧，匝数为 N_2。

磁势 F_2 及其产生的磁通 Φ_2：

$$\Phi_2 = \frac{F_2}{R_M}$$

式中，Φ_2 磁路与 Φ_1 磁路相同，磁阻都是 R_M，Φ_2 与 Φ_1 的相位相差 $180°$。

③T_{LH} 一次绕组 N_1 与二次绕组 N_2 的漏磁通（Leakage flux）为 Φ_{Lkf-1} 和 Φ_{Lkf-2}。

二者不参加两侧绕组 N_1 与 N_2 的交链，只环绕自身线圈形成闭合回路。其中 Φ_{Lkf-2} 很小。

Φ_{Lkf-1} 和 Φ_{Lkf-2} 对应的漏电抗分别为

$$X_{Lkf-1} = 2\pi f L_{Lkf-1}, \ X_{Lkf-2} = 2\pi f L_{Lkf-2} \tag{3-4}$$

式中，L_{Lkf-1}、L_{Lkf-2}——Φ_{Lkf-1} 和 Φ_{Lkf-2} 对应的漏感。

T_{LH}二次绕组 N_2 的漏磁电抗 X_{Lkf-2}、电感 L_{Lkf-2} 及负载的等效电阻，折算到一次绕组 N_1 后的总漏抗、漏感及等效电阻这三个参数用符号表示为 X_{Lkf}、L_{Lkf} 和 R。

注意：根据变压器原理，X_{Lkf} 是常数，不随电流大小而变。因此，L_H 有效负载 R 一定时，即使 I_1 变化，X_{Lkf}-R 的阻抗三角形总是不变的；其功率三角形总是相似的。

④T_{LH} 的励磁磁通量 Φ_0 为

$$\Phi_0 = \Phi_1 - \Phi_2 \qquad (3-5)$$

Φ_1 与 Φ_2 相位相差 $180°$，二者之差就是等效变压器 T_{LH} 的励磁磁通 Φ_0。Φ_0 链着 N_2 即链着感应器 L_H 内的负载，电磁感应使负载产生焦耳热，消耗了电功使 Φ_0 完成磁电转换传递功率的功能。

2. L_H 设计的功率管理

通过以上分析，了解了 L_H 磁通的 4 个分量：Φ_0、Φ_1、Φ_2、Φ_{Lkf-1} 与 Φ_{Lkf-2} 及相关参数。这对我们设计高效感应器 L_H 具有重要指导意义。L_H 设计的功率管理，就是清晰 L_H 的物理概念，掌握 L_H 的工作规律，抓住 L_H 节能的关键，建立正确 L_H 的设计思想，计算配置谐振（振荡）槽路硬件参数，从各个环节保证 L_H 的效率。

（1）L_H 的磁势 F_1 与匝数 N_1 的设计思想

①L_H 的磁势 $F_1 = N_1 I_1$。根据式（3-1）可知，磁通 Φ_1 与磁势 F_1 成正比，与磁阻成反比。磁势 F_1 是 N_1 与 I_1 的乘积。不管 N_1 数值与 I_1 数值各是多少，只要乘积相等磁势 F_1 就相等。即磁势 F_1 只决定于 N_1 与 I_1 的乘积——$F_1 = I_1 N_1$。

在设计感应器时，要特别注意两点：

第一，L_H 的电—磁—电转换中，磁通是能量的载体；

第二，L_H 铜管电流产生的焦耳热是降低效率的主要因素，约占中频总损耗的 70% 左右。

相同吨位的炉体，不管有无磁轭，因磁通回路主要是空气，几乎消耗了磁通回路的全部磁压降。因此，我们在进行相关参数计算时可认为磁阻 R_M 是常数。

为得到足够的磁通，根据磁路欧姆定律，只考虑如何有足够的磁势 F_1。而 $F_1 = I_1 N_1$，那么在磁势 F_1 一定时，电流 I_1 和匝数 N_1 的数值又该怎样考虑？

②L_H 的设计，主要是依据相关条件进行计算，分析，优化，确定最佳匝数 N_1——能使中频电源获得最高效率 η 的匝数。

高效 L_H 设计"三条标准"：

第一，最低损耗的匝数 N_1；

第二，形状、尺寸等满足工件加热工艺；

第三，"功率 P-频率 f_K-炉吨位 m" 实现最佳搭配。

"三条标准"中主要是第一条：设计"最低损耗的匝数 N_1"。从某种意义上讲，感应器匝数的计算选择是谐振槽路硬件设计的核心。中型以上的中频电源，N_1 每增减 1 匝，L_H 磁势 F_1 就相应增减几万到数万安匝。感应器铜管焦耳热损 $P_{热损}$ 与感应器电流 I_{LH} 的平方成正比。I_{LH} 减小到 70%，$P_{热损}$ 就减小到 50%。这个数字足以激发工程师谨慎地计算确定感应器的匝数 N_1。

N_1 的设计思想可归纳为：

①为了获得中频电源的高效率 η，在满足"三条标准"的条件下，匝数 N_1 尽量确定在可选择值的上限——即对 L_H 进行高阻抗设计。

②在保证安全的条件下，适当提高 L_H 额定电压 V_{LH}。

③充分扩展增加匝数的条件。

（2）减少感应器 L_H 热损是提高效率的主要途径

工业统计显示，加热某种金属，"功率 P-频率 f_K-炉质量（吨位）m"三个参数适当配合会有较好的效率，比如（摘录某国电炉协会统计表）：中频炉 $P = 600kW$、$f_K = 1000Hz$、钢（1600℃）单耗 $= 640kWh/t$；$P = 300kW$、$f_K = 500Hz$、钢（1600℃）单耗 $= 720kWh/t$，等等；数据说明，三个参数不同搭配，会有不同效率。感应器的几何形状尺寸也会影响效率。这些影响效率的因素，人们在实践中比较容易发现，积累了许多经验，并已融进了 L_H 的设计中。但对感应器匝数 N_1 的计算与选择，并未引起有些设计者的自觉，至常见中频电源 L_H 匝数设计不当，导致热损耗很大，负载单耗高，效率 η 低下。现如今，非节能环保的机器是不符合时代的。为了制造高效的中频电源，感应器匝数 N_1 的计算是关键环节；或者说，为实现降损提效的目标，就要减少感应器电流产生的焦耳热，也就是增加匝数 N_1，提高 V_{LH}。

（3）电流型中频电源感应器匝数 N_1 增加的方法

①L_H 2 倍压谐振槽路参数的配置：

a.L_H 的匝数 N_1 正比于 L_H 两端电压 V_{LH}。

在功率 P 一定时，L_H 的匝数 N_1 与其两端电压 V_{LH} 成正比。

$$N_1 = \frac{V_{LH}}{Z}\sqrt{\frac{R}{10^3 P}} \quad \Rightarrow \quad N_1 \propto V_{LH} \tag{3-6}$$

式中，Z——单匝感应器-炉料系统阻抗；

$\quad\quad R$——单匝感应器-炉料系统内阻；

$\quad\quad P$——L_H 的额定功率。

为了增加 L_H 的匝数，如图 3-2 所示，接成 L_H 2 倍压的谐振槽路。

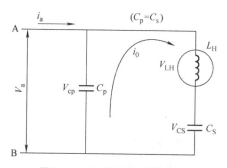

图 3-2 L_H 倍压谐振槽路图

总补偿电容 C 均分为并联电容 C_p 和串联电容 C_s。$C_P = C_S$，$Q_{CS} = Q_{CP}$。等效电路如图 3-3 所示：槽路谐振电流为 i_0，$C_P = C_S$，理想条件下：

$$\frac{1}{2\pi f_0 C_P} = \frac{1}{2\pi f_0 C_S} \quad \Rightarrow \quad X_{CP} = X_{CS} \tag{3-7}$$

则 $\quad\quad\quad i_0 X_{CP} = i_0 X_{CS} \quad \Rightarrow \quad V_{CP} = V_{CS} \tag{3-8}$

C_S-L_h 串联支路一定呈感性，且根据 KVL，有

$$\dot{V}_{CP} + \dot{V}_{CS} + \dot{V}_{LH} = 0 \Rightarrow |V_{CP} + V_{CS}| = |V_{LH}| \Rightarrow |2V_a| = |V_{LH}|$$

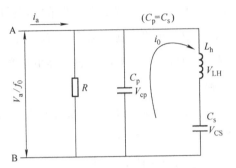

图 3 - 3　倍压谐振槽路等效电路

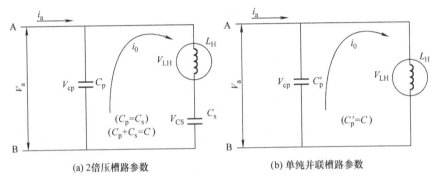

(a) 2倍压槽路参数　　　　　　　　(b) 单纯并联槽路参数

图 3 - 4　2 倍压槽路与单纯并联槽路

与单纯并联谐振电路比较，2 倍压电路接法使得感应器 L_H 两端电压 V_{LH} 是中频电压 V_a（V_{CP}）的 2 倍。

在 L_H 视在功率 S_{LH} 不变的条件下，i_0 降到 50%，$P_{热损}$ 减小到 50%（因 N_1 也增加到 2 倍，故铜管电阻也增加到 2 倍，所以不是减小到 25%）。

串联谐振电容与并联谐振电容的无功功率相等：

$$Q_S = Q_P$$

是因为 $X_{CP} = X_{CS}$，$V_{CP} = V_{CS}$ 所以

$$Q_P = \frac{V_{CP}^2}{X_{CP}} = Q_S = \frac{V_{CS}^2}{X_{CS}} \tag{3-9}$$

b. L_H 匝数增加。所谓匝数增加，是在等功率和等频率条件下，与单纯并联谐振槽路比较。图 3 - 4（b）是单纯并联谐振槽路，其谐振频率 $f_{0并}$ 近似为

$$f_{0并} = \frac{1}{2\pi \sqrt{L_{h并} \cdot C_p'}} = \frac{1}{2\pi \sqrt{L_{h并} \cdot C}} \tag{3-10}$$

式中，$L_{h并}$——单纯并联谐振槽路的 L_H 电感量；

C_p'——单纯并联谐振槽路的全部补偿电容，其值为 C。

图 3 - 4（a）所示为 2 倍压谐振槽路，L_H 的实际电感是 L_h。因 $C_P = C_S$，其 L_H-C_S 串联支路的等效电感 L_h' 为

$$L_h' = \frac{L_h}{\left(1 + \frac{C_P}{C_S}\right)} = \frac{L_h}{1+1} = \frac{L_h}{2} \qquad (3-11)$$

2 倍压振荡槽路之频率 $f_{0倍}$ 近似为

$$f_{0倍} = \frac{1}{2\pi \sqrt{L_h' \cdot C_p}} = \frac{1}{2\pi \sqrt{L_h' \cdot \frac{C}{2}}} \qquad (3-12)$$

比较式（3-10）与式（3-12）可知，要使 $f_{0倍} = f_{0并}$，必须将 2 倍压的 "C_S-L_H 串联支路" 的等效电感量 L_h' 增加到

$$L_h' = 2L_{h并} \qquad (3-13)$$

很明显，2 倍压 L_H 的电感 L_h 必须等于单纯并联谐振槽路 L_H 电感 $L_{h并}$ 的 4 倍。

$$L_h' = \frac{L_h}{2} \quad \Rightarrow \quad L_h = 2L_h' = 2 \times 2L_{h并} = 4L_{h并}$$

而 L_H 的电感量 L_h 又与匝数 N_1 的平方成正比，即 $L_h \propto N_1^2$。所以，在等功率和等频率条件下，2 倍压谐振槽路的 L_H - N_1 是单纯并联谐振槽路 L_H - N_1 的 2 倍。

②L_H 3 倍压谐振槽路参数的配置：

a. 为了增加 L_H 的匝数，图 3 - 4 所示为 L_H 3 倍压谐振槽路参数配置。总补偿电容 C 分成并联电容 C_P 和串联电容 C_S。$C_S = 0.5C_P$，$Q_S = 2Q_P$。槽路谐振电流为 i_0。

理想条件下有

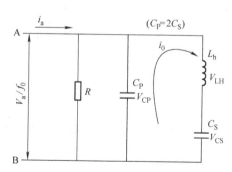

图 3 - 5　3 倍压谐振槽路等效电路

$$X_{CP} \div X_{CS} = \frac{1}{2\pi f_0 C_P} \div \frac{1}{2\pi f_0 \times 0.5C_P} = \frac{1}{2}$$

$$L'_h = 3L_{h并} \tag{3-14}$$

则
$$i_0 X_{CS} = 2(i_0 \cdot X_{CP}) \quad \Rightarrow \quad V_{CS} = 2V_{CP} \tag{3-15}$$

C_S-L_h 串联支路一定呈感性，且根据基尔霍夫电压定律，有

$$\dot{V}_{CP} + \dot{V}_{CS} + \dot{V}_{LH} = 0 \Rightarrow |V_{CP} + 2V_{CP}| = |V_{LH}| \Rightarrow |3V_a| = |V_{LH}|$$

与单纯并联谐振电路比较，3 倍压电路参数配置使得感应器 L_H 两端电压 V_{LH} 是中频电压 V_a（V_{CP}）的 3 倍。

与单纯并联谐振槽路 L_H 比较，在 L_H 视在功率 S_{LH} 不变的条件下，i_0 降到 1/3，$P_{热损}$ 降到 1/3 左右。

3 倍压槽路中，串联支路电容与并联谐振电容的无功功率之比为 2:1，

$$Q_S = 2Q_P, \quad X_{CS} = 2X_{CP}, \quad V_{CS} = 2V_{CP}$$

$$Q_S = \frac{V_{CS}^2}{X_{CS}} = \frac{(2V_{CP})^2}{2X_{CP}} = 2Q_P \tag{3-16}$$

②L_H 匝数增加

分析方法同 2 倍压电路。图 3-4（b）是单纯并联谐振槽路，其谐振频率 $f_{0并}$ 近似为

$$f_{0并} = \frac{1}{2\pi \sqrt{L_{h并} \cdot C'_p}} = \frac{1}{2\pi \sqrt{L_{h并} \cdot C}} \tag{3-17}$$

图 3-5 所示为 3 倍压谐振槽路参数配置，其并联电容 C_P 是单纯并联谐振槽路电容值的 1/3。"L_H-C_S 串联支路"的等效电感 L'_h 为

$$L'_h = \frac{L_h}{\left(1 + \dfrac{C_P}{C_S}\right)} = \frac{L_h}{1+2} = \frac{L_h}{3} \tag{3-18}$$

$$f_{0倍} = \frac{1}{2\pi \sqrt{L'_h \cdot C_p}} = \frac{1}{2\pi \sqrt{L'_h \cdot \dfrac{C}{3}}} \tag{3-19}$$

要使 $f_{0倍} = f_{0并}$，必须将 3 倍压槽路的 C_S-L_H 串联支路等效电感量 L'_h 增加：

$$L'_h = 3L_{h并} \tag{3-20}$$

因此，必须将相当于单纯并联谐振槽路 L_H 的电感 $L_{h并}$ 增加到 9 倍，3 倍压 L_H 的电感 L_h 为

$$L'_h = \frac{L_h}{3} \quad \Rightarrow \quad L_h = 3L'_h = 3 \times 3L_{h并} = 9L_{h并}$$

而 L_H 的电感量 L_h 与匝数 N_1 的平方成正比，即 $L_h \propto N_1^2$。所以，在等功率和等频率条件下，3 倍压谐振槽路 $L_H - N_1$ 是单纯并联谐振槽路 $L_H - N_1$ 的 3 倍。

3.2 复杂并联型谐振电路

倍压电路已得到广泛应用。通过上述倍压电路的讨论，对较复杂的并联谐振现象有了初步认识。本节要深入讨论，通过具体分析不同复杂电路，找出一般规律。RLC 三元件在电路闭合的条件下，不管电路形式如何——即使在复杂电路中，$L - C$ 中的磁场能与电场能，总能不断地在闭合电路中，通过电流形式循环往复地相互转换而形成振荡。下面就复杂电路谐振的典型实例进行分析。

1. 复杂电路谐振一

图 3-6 所示为电流型中频感应器倍压电路，电路中 $C_S = C_P$。为了分析的方便，设感应器（以下称 L_H）为理想空载，电感量为 L。为了减少感应器铜管焦耳热损耗，大功率中频感应器与谐振电容绝大多数接成倍压电路。与单一并联槽路相比，感应器额定功率不变，倍压后铜管焦耳热损降低到 1/4。图 3-6 中，$L - C_S$ 串联后的支路与 C_P 并联，谐振时 $L - C_S$ 支路总是呈现感性。谐振频率为 f_0，则在数值上总是有：

$$2\pi f_0 L = \frac{1}{2\pi f_0 C_S} = \frac{1}{2\pi f_0 C_P} \tag{3-21}$$

$$X_L = 2\pi f_0 L, \quad X_{CS} = \frac{1}{2\pi f_0 C_S}, \quad X_{CP} = \frac{1}{2\pi f_0 C_P}$$

令

$$X'_L = X_L - X_{CS} = X_{CP} \tag{3-22}$$

式中，X'_L——$L - C_S$ 串联支路的"支路等效感抗"。

①$L - C_S$ 串联支路与 C_P 并联。$C_P - L - C_S$ 三者接成闭合电路；从而构成了以电流 i_0 形式进行电场能—磁场能相互转换的硬件条件。

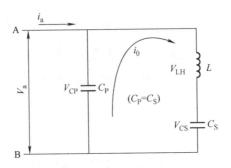

图 3-6　感应器倍压电路

②倍压电路在谐振状态时：①电抗数值一定是 $X_L/X_{CS}=2$，即 $X_L-X_{CS}=(X_L/2)=X'_L$；②X'_L 与 X_{CP} 数值相等，X'_L 与 X_{CP} 的数值决定着"A端-B端"之间槽路谐振频率 f_0。

③参看图 3-6。$L-C_S$ 串联支路等效电抗 X'_L 和等效电感 L' 的数值为

$$X'_L=\frac{1}{2\pi f_0 C_S}=\frac{1}{2\pi f_0 C_P}=\frac{1}{2}2\pi f_0 L \qquad (3-23)$$

则：

$$L'=\frac{L}{2} \rightarrow X'_L=\omega_0 L' \qquad (3-24)$$

④槽路谐振频率 f_0（参阅图 3-7）：

$$f_0=\frac{1}{2\pi\sqrt{L'C_P}} \qquad (3-25)$$

⑤$V_{LH}-V_{CS}-V_a(V_{CP})$ 三者的数值关系：

$$V_a=V_{LH}-V_{CS}, \quad V_{LH}=2V_a, \quad V_{CP}=V_{CS} \qquad (3-26)$$

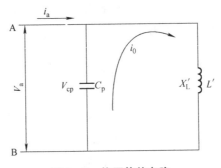

图 3-7　倍压等效电路

举例 1： 某厂化钢用的一台 KGPS-4000kW/300Hz 中频炉，进线电

压 $V_L=1000V$，直流电压 $V_D\approx1350V$，直流电流 $I_D=3000A$。感应器 L_H 空载电感 $160\mu H$，谐振电容（C_P+C_S）共 RFM1.6-2000/0.4s（$311\mu F$/台）28 台。槽路倍压接法。超前角 $\approx27°$。计算 f_0、V_{CS}、V_{LH}、i_0 的值。

解：

① 实际运行的频率 f_0：

a. L_H-C_S 串联支路的等效有载电感 L' 为

感应器 L_H 有载电感 $L_{有载}$ 为

$$L_{有载}=0.8L=0.8\times160\mu H=128\mu H$$

则：
$$L'=\frac{L}{2}=\frac{128\mu H}{2}=64\mu H$$

b. 倍压接法槽路并联电容 $C_P=（311\mu F/台）\times14$ 台 $=4354\mu F$

c. $f_0=\dfrac{10^6}{2\pi\sqrt{L'C_P}}=\dfrac{10^6}{6.28\times\sqrt{64\mu H\times4354\mu F}}\approx300Hz$

② $V_a=\dfrac{1.11V_D}{\cos\delta}=\dfrac{1.11\times1300V}{\cos27°}\approx1600V$

③ $V_{CS}=V_{CP}=v_a=1600V$　　　$V_{LH}=2v_a=2\times1600V=3200V$

④ $i_0\approx V_a\div\dfrac{1}{2\pi f_0C_P}=1600V\div\dfrac{1}{6.28\times300\dfrac{1}{s}\times4354\dfrac{As}{V}\times10^{-6}}$

$$\approx1600V\times10^{-6}\times8202936\frac{A}{V}=13125A$$

【逆变器输入给槽路频率为 f_0 的电流基波——有效值 $i_a=0.9I_D$。i_a 为 L_H 加热负载的有功电流。由于熔炉 L_H 的自然功率因数 $\cos\phi$ 很低，一般在 $0.08\sim0.11$，振荡电流 i_0 为 i_a 的 10 倍左右，可忽略 i_a，近似地认为流过 L_H 电流 i_{LH} 的数值为 i_0。一般热处理的 L_H 自然功率因数 $\cos\phi$ 在 $0.2\sim0.15$（特殊情况可使 $\cos\phi\geqslant0.08$），i_a 已不可忽略，流过 L_H 电流 i_{LH} 的数值为 $\sqrt{i_a^2+i_0^2}$。】

2. 复杂电路谐振二

$L-C_S$ 串联后与 C_P 并联，$L-C_S$ 支路总是呈现感性。前面已经讨论了 $C_S=C_P$ 时的情况。有时为了生产工艺的需要，可使 $C_S>C_P$ 或 $C_S<C_P$，使 $V_{LH}<2V_a$ 或 $V_{LH}>2V_a$。如图 3-8 所示，感应器电压调节电路与感应器倍压电路接法相同，只是 $C_S \neq C_P$。

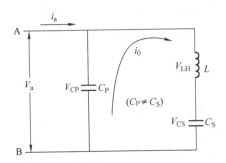

图 3-8　感应器电压调节电路

图 3-8 所示电路感应器的电感为 L，其等效电阻 R 忽略之。用符号法可方便地分析 C_P 和 C_S 的数值对 V_{LH} 的影响。

$$\dot{V}_{CP} = \dot{V}_{LH} + \dot{V}_{CS} \to \dot{V}_{LH} = \dot{V}_{CP} - \dot{V}_{CS} \tag{3-27}$$

$$\dot{V}_{CS} = J\frac{1}{\omega_0 C_S} \cdot J\omega C_P V_{CP} = -\dot{V}_{CP} \cdot \frac{C_P}{C_S} \tag{3-28}$$

则

$$\dot{V}_{LH} = \dot{V}_{CP} - \dot{V}_{CS} = \dot{V}_{CP} + \dot{V}_{CP}\frac{C_P}{C_S} = \dot{V}_{CP}\left(1 + \frac{C_P}{C_S}\right) \tag{3-29}$$

$$\frac{\dot{V}_{LH}}{\dot{V}_{CP}} = 1 + \frac{C_P}{C_S} \to \frac{V_{CP}}{V_{LH}} = \frac{1}{\left(1 + \dfrac{C_P}{C_S}\right)}$$

$$\dot{V}_{CP} = \frac{J\omega_0 L \cdot i_0}{\left(1 + \dfrac{C_P}{C_S}\right)} \tag{3-30}$$

在数值上：$\dot{V}_{CP} \approx i_0 \cdot X'_L \approx i_0 \cdot J\omega_0 L'$ 则式（3-30）可写成：

$$L' = \frac{L}{\left(1 + \dfrac{C_P}{C_S}\right)} \tag{3-31}$$

式（3-27）~式（3-31）非常重要。根据 C_P 与 C_S 的使用数值，即可算出 $L-C_S$ 支路的等效电感 L'、V_{LH}、V_{CS} 及复杂电路的谐振频率 f_0 等参数。

举例 2：在举例 1 中，若谐振电容 C_P 用 RFM1.6-2000/0.4s（$311\mu F$/台）16 台，C_S 用 12 台，超前角 $\approx 27°$。计算 f_0、V_{CS}、V_{LH}、i_0 的值。

解：①实际运行的频率 f_0：

a. $L_H - C_S$ 串联支路的等效电感 L':

先计算 L_H 有载电感 $L_{有载}$:

$$L_{有载} = 0.8L = 0.8 \times 160\mu H = 128\mu H$$

则支路等效电感:

$$L' = \frac{L}{\left(1 + \dfrac{C_P}{C_S}\right)} = \frac{L_{有载}}{\left(1 + \dfrac{311\mu F \times 16}{311\mu F \times 12}\right)} = 55\mu H$$

b. 槽路并联电容 $C_P = (311\mu F/台) \times 16 台 = 4976\mu F$

c. $f_0 = \dfrac{10^6}{2\pi\sqrt{L'C_P}} = \dfrac{10^6}{6.28 \times \sqrt{55\mu H \times 4976\mu F}} = 304 Hz$

② $V_{LH} = V_{CP}\left(1 + \dfrac{C_P}{C_S}\right) = 1600V \times \left(1 + \dfrac{311\mu F \times 16}{311\mu F \times 12}\right) = 3733V$

③ $V_{CS} = V_{CP}\dfrac{C_P}{C_S} = 1600V \times \dfrac{16 台}{12 台} = 2133V$

④ $i_0 = \omega_0 C_P V_{CP} = 2\pi \times 304\,\dfrac{1}{s} \times 311\,\dfrac{As}{V} \times 16 \times 1600V = 15200A$

⑤几点提示:

a. 串联支路电容 $C_S = (311\mu F/台) \times 12 台 = 3732\mu F$, 标称容量为

$$2000kvar \times 12 = 24000kvar$$

现 $V_{CS} = 2133V$, 是电容额定电压 1600V 的 1.33 倍。因此电容 C_{CS} 实际容量增加到 $1.33^2 = 1.78$ 倍, 即由 24000kvar 增加到 $24000 \times 1.78 = 42720kvar$, 实增 18720kvar。这将使 L_H 的功率由 4000kW 升到 5000kW 左右。

b. $V_{CS} = 2133V$, 高于额定电压 (2133V − 1600V = 533V) 太多, 易造成电容击穿。

c. 大型炉子受到诸多条件的约束, 工程上 $V_{LH} > 2V_{CP}$ 的情况不多。

举例3: 在举例1中, 若谐振电容 C_P 用 RFM1.6−2000/0.4s ($311\mu F/台$) 12 台, C_S 用 16 台, 超前角 $\approx 27°$。计算 f_0、V_{CS}、V_{LH}、i_0 的值。

解: ①实际运行的频率 f_0:

a. $L_H - C_S$ 串联支路等效电感 L':

先计算感应器 L_H 有载电感 $L_{有载}$:

$$L_{有载}=0.8L=0.8\times160\mu H=128\mu H$$

则： $$L'=\frac{L}{\left(1+\dfrac{C_P}{C_S}\right)}=\frac{L_{有载}}{\left(1+\dfrac{311\mu F\times12}{311\mu F\times16}\right)}=73\mu H$$

b. 槽路并联电容 $C_P=(311\mu F/台)\times12$ 台 $=3732\mu F$

c. $f_0=\dfrac{10^6}{2\pi\sqrt{L'C_P}}=\dfrac{10^6}{6.28\times\sqrt{73\mu H\times3732\mu F}}=305Hz$

②$V_{LH}=V_{CP}\left(1+\dfrac{C_P}{C_S}\right)=1600V\times\left(1+\dfrac{311\mu F\times12}{311\mu F\times16}\right)=2800V$

③$V_{CS}=V_{CP}\dfrac{C_P}{C_S}=1600V\times\dfrac{12\times311\mu F}{16\times311\mu F}=1200V$ 或

$V_{CS}=V_{LH}-V_{CP}=2800V-1600V=1200V$

④$i_0=\omega_0C_P\cdot V_{CP}=2\pi\times305\dfrac{1}{s}\cdot311\dfrac{A\cdot s}{V}\times12\times1600V=11437A$

⑤几点提示：

a. 串联支路电容 $C_S=(311\mu F/台)\times16$ 台 $=4976\mu F$，标称容量为

$$2000kvar\times16=32000kvar$$

现 $V_{CS}=1200V$，是电容额定电压 $1600V$ 的 0.75。因此电容 C_{CS} 实际容量降到标称容量的 $0.75^2=0.56$ 倍，即由 $32000kvar$ 降到 $32000\times0.56=17920kvar$，实降 $32000kvar-17920kvar=14080kvar$。这将使 L_H 的功率由 $4000kW$ 降到 $3000kW$ 左右。

b. $V_{CS}=1200V$，低于额定电压（$1600V-1200V=400V$）。

c. 工程上 $V_{LH}<2V_{CP}$ 的情况可见。

3. 复杂电路谐振三

①图 3-9 所示为 RC-RL 两支路并联谐振电路。在频率 f_0 较高的谐振槽路，由于趋肤效应等原因，电容器件及电容线路的电阻已不可忽视。在分析电路时，如图 3-9 所示，电容 C_P 支路要增加一个等效电阻 R_1。

这个电路用复量导纳公式表示如下：

$$y=g-jb \tag{3-32}$$

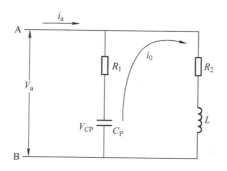

图 3 - 9 *RC - RL* 两支路并联谐振电路

在谐振时电钠 $b=0$。槽路 A - B 端对外呈阻性。以式（3 - 17）为基础，以复量形式代入槽路各参数，经过简单变换整理后得：

$$\omega_0 = \frac{1}{\sqrt{L \cdot C_P}} \sqrt{\left(\frac{L}{C_P} - R_1^2\right) \Big/ \left(\frac{L}{C_P} - R_2^2\right)} \qquad (3 - 33)$$

当 $R_1 = R_2$ 时：$\omega_0 = \dfrac{1}{\sqrt{L \cdot C_P}}$

在实用中，频率不太高时，一般 R_1 忽略不计；有关计算按简单谐振电路计算即可。

②图 3 - 10 所示为串并联谐振电路，图 3 - 11 所示为串并联电路电量相位关系。L_H 的负载等效电阻为 R_{fz}。槽路 A - B 端接并联型逆变桥。

a. A - B 端接入频率为 f_0 的激励。$C_P - L$ 为并联型谐振闭合电路，以无功电流 i_0 形式进行电场能-磁场能的不断地交换——振荡。

b. C_S 接输入端，在 $C_P - L$ 闭合电路之外的电路，不具备电场能—磁场能相互转换的条件——C_S 不是谐振电容，而是耦合电容。

c. C_S 流过的电流为 i_a 是 $C_P - L$ 并联谐振槽路的总电流；i_a 是有功电流，即流过 R_{fz} 的电流；且 $i_0 / i_a = Q$。

d. $C_P - L$ 槽路的谐振频率 f_0 为

$$f_0 \approx \frac{1}{2\pi} \frac{1}{\sqrt{L \cdot C_P}}$$

e. 逆变桥换路瞬间：$C_P - L$ 并联型槽路呈感性 L'，与 C_S 串联，利于激励能量的灌入，从而改善了串并联谐振型逆变电源的启动性能。

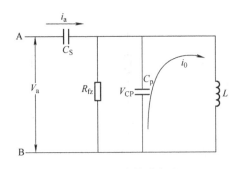

图 3 - 10　串并联电路

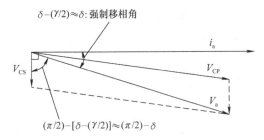

图 3 - 11　串并联谐振电路电量相位

f. C_S 的相关参数：

Ⅰ. C_S 两端电压 V_{CS}，$V_{CS} = i_a \dfrac{1}{\omega_0 \cdot C_S}$；

Ⅱ. C_S 的电容值（μF）选择范围在 $\dfrac{C_P}{5}$ 左右；

Ⅲ. C_S 使用的电容器标称额定电流 I_E 应大于 i_a，

$$\frac{Q_{CE}}{V_{CE}} > i_a \quad \rightarrow \quad \frac{Q_{CE}}{V_{CE}} > 0.9 I_D；$$

Q_{CE}——电容器产品名牌标称额定容量（kvar）；

V_{CE}——电容器产品名牌标称额定电压（kV）；

I_D——中频电源输出额定直流（A）。

举例 4：举例 1 中，KGPS - 4000kW/300Hz 中频电源，直流电压 $V_D =$ 1350V，直流电流 $I_D = 3000A$。谐振电容共 RFM1.6 - 2000/0.4s（311μF/台）28 台。若槽路采用串并联接法，C_S 并联使用 2 台 RFM0.5 - 1500/0.4s（2388μF）电热电容，请校核：C_S 所用电容额定电流 I_{CE} 是否大于 i_a？C_S

端电压 $V_{cs}=?$

①RFM1.6 - 2000/0.4s 电容的额定电流 I_{CE}；

$$I_{CE}=\frac{Q_{CE}}{V_{CE}}=\frac{3000000\text{var}}{500\text{V}}=6000\text{A} \quad \rightarrow \quad I_{CE}=6000\text{A}>0.9\times3000\text{A}$$

C_s 所选用的电容（$2\times2388\mu F$）额定电流 I_{CE} 大于 i_a。

②C_s 两端电压 V_{CS}

$$V_{CS}=i_a\frac{1}{\omega_0\cdot C_s}\approx0.9I_D\frac{10^6}{2\pi\times305\frac{1}{S}\times2\times2388\mu F}=2700\text{A}\times0.11\Omega=297\text{V}$$

C_s 所选用的电容额定电压 $V_{CE}=500\text{V}>V_{CS}=297\text{V}$。（$V_{CS}$ 滞后 V_{CP} 的角度近似为 $\frac{\pi}{2}-\delta$，δ 为并联逆变器换流超前角。）

校核结论：C_s 并联使用 2 台 RFM0.5 - 1500/0.4s（$2388\mu F$）电热电容无问题。

3.3 李澍信倍压公式

前两节具体地讨论了倍压电路，对复杂谐振电路也进行了理论分析。很明显，槽路硬件高阻抗化的主要方法就是"倍压"。为了便捷"倍压"计算，作者研建了一套 L_H 倍压谐振槽路硬件配置计算公式。

1. 李澍信倍压公式

图 3 - 12 所示为 L_H 的 Y 倍压谐振槽路。Y 倍压 L_H 槽路相关电量符号如下：

L_H 本器匝数——N；

L_H 有载电感——L_h；

L_H 有功功率——P；

槽路振荡频率——f_0；

中频电压值——V_a；

无功总容量——$Q_{LH}=Q_C$；

振荡电容值——C ($V_C = V_a$)。

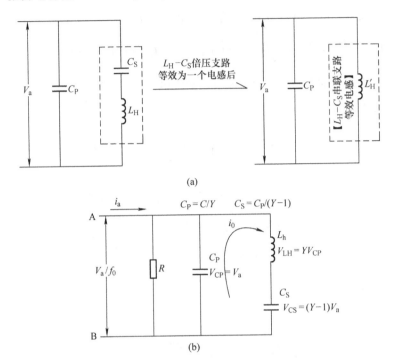

图 3-12 L_H 的 Y 倍压槽路参数

P、f_0 不变的条件下，依据公式，配置槽路，可使 $V_{LH} = YV_a$。Y 称倍压系数，其理论取值范围为 $(1 \sim \infty)$，但实际取值受到工艺等限制，一般 $Y \leqslant 6$。

李澍信倍压谐振槽路硬件计算公式如下：

$$Q_P = \frac{Q_C}{Y} \tag{3-34}$$

$$C_P = \frac{C}{Y} \tag{3-35}$$

$$C_S = \frac{C_P}{Y-1} \tag{3-36}$$

$$Q_S = (Y-1)Q_P \tag{3-37}$$

$$V_{CS} = (Y-1)V_{CP} \tag{3-38}$$

$$V_{LH} = YV_a \qquad (V_{CP} = V_a) \tag{3-39a}$$

$$L'_h = \left[\frac{10^{12}}{(2\pi f_0)^2 \dfrac{C}{Y}}\right] \Rightarrow [YL'_h = L_h] \Rightarrow \left[\frac{L_h}{K_T} = L_{LH}\right] \quad (3-39b)$$

式中，L'_h——C_S-L_H 串联升压支路的有载等效电感；

$\quad\quad L_h$——倍压的 L_H 本器有载电感；

$\quad\quad K_T$——L_H 变压器效应系数，一般在 0.7 左右；

$\quad\quad L_{LH}$——L_H 本器空载电感。

$$* \; N = \sqrt{\frac{L_{LH} \,(45D + 102H)}{D^2}} \quad (3-40a)$$

$$* \; f_0 \approx \frac{1}{2\pi \; \sqrt{L'_h \cdot C_P}} \quad (3-40b)$$

$$N = Y N_{纯并} \quad (3-40c)$$

式中，$N_{纯并}$——单纯并联槽路的感应器匝数。

$$L'_h = \frac{L_h}{Y} \quad (3-41)$$

$$L_h = Y^2 L_{纯并} \quad (3-42)$$

式中，$L_{纯并}$——对应的单纯并联谐振电路 L_H 的有载电感。

2. 设计高效节能感应器 L_H 举例

举例 1：用户库存一台整流变压器，配置为 D/d0yn11 - 4000kVA - 10kV/1kV×2，欲配购 KGPS - 4000/400Hz - 5t 熔钢炉一套。试设计 L_H 的三套方案，然后优选择一。

方案一：单纯并联谐振槽路，如图 3 - 13 （a） 所示。

①感应器 L_H：$D = 1160$，$H = 1600$。

②槽路输入电压 $V_a \approx 2000V$，$V_{LH} \approx 2000V$，$V_{CP} = 2000V$，$P = 4000kW$，$f_0 = 400Hz$。

③L_H 自然功率因数 $\cos\phi \approx 0.1$，槽路品质因数 $Q \approx 10$。

④振荡电容容量 Q_C：

$$Q_C \approx QP = 10 \times 4000kW = 40000kvar$$

⑤振荡电容 C 的值：

$$C = \frac{10^6 Q_C}{2\pi f_0 V^2} = \frac{10^6 \times 40000kvar}{6.28 \times 400 \dfrac{1}{s} \times 2000V^2} = 3981\mu F$$

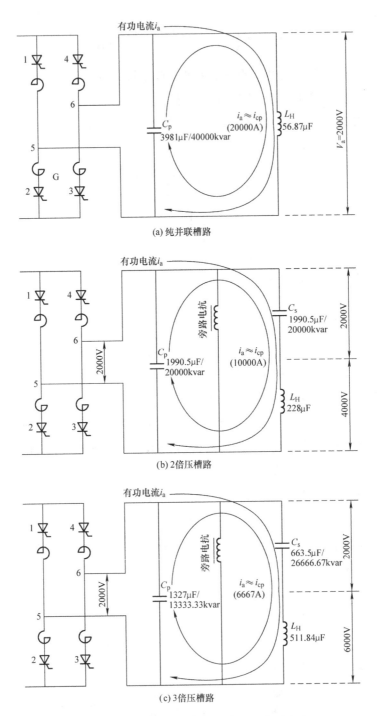

图 3-13 L_H 的 1 倍压、2 倍压、3 倍压电路

⑥L_H 的有载电感 $L_{h纯并}$：

$$L_{h纯并}=\frac{10^{12}}{(2\pi f_0)^2 C}=\frac{10^{12}}{\left(6.28\times400\,\dfrac{1}{s}\right)^2\times3981\,\dfrac{A\cdot s}{V}}=39.81\mu H$$

⑦L_H 的空载电感 $L_{LH纯并}$：

$$L_{LH纯并}=\frac{L_h}{0.7}=\frac{39.81}{0.7}=56.87\mu H$$

⑧感应器 L_H 绕制匝数 $N_{1纯并}$：

$$N_{1纯并}=\sqrt{\frac{L_h\,(45D+102H)}{D^2}}$$

$$=\sqrt{\frac{56.87\times(45\times116+102\times160)}{116^2}}=9.54\,匝\approx10\,匝$$

⑨校核：

$$f_0=\frac{10^6}{2\pi\sqrt{39.81\mu\,\dfrac{V\cdot s}{A}\times3981\mu\,\dfrac{A\cdot s}{V}}}=400\,\frac{1}{s}Hz$$

⑩L_H 的电流 i_0：因为 L_H 自然功率因数在 0.1 左右，近似地认为视在电流等于无功电流 i_0：

$$i_0\approx\frac{(Q_C/Y)}{V_a}=\frac{(40000kvar/1)}{2000V}=20000A$$

方案二：2 倍压并联谐振槽路，如图 3-13（b）所示。

①感应器 L_H：$D=1160$，$H=1600$。

绕制匝数：$N_1=Y\cdot N_{1纯并}=2\times10=20$ 匝。

有载电感：$L_h=Y^2 L_{1纯并}\approx2^2\times39.81\mu H\approx159.24\mu H$。

无载电感：$L_{LH}=\dfrac{L_h}{K_T}=\dfrac{159.24\mu F}{0.7}\approx228\mu H$。

②2 倍压串联支路等效有载电感 L_h' 为

$$L_h'=\frac{L_h}{1+\dfrac{C_P}{C_S}}=\frac{L_h}{1+1}=\frac{L_h}{2}=\frac{159.24\mu H}{2}\approx79.62\mu H$$

或　　　$L_h'=\dfrac{L_h}{Y}=\dfrac{159.24\mu H}{2}=79.62\mu H$

③谐振电容 C_P 与 C_S：

$$C_P = \frac{C}{Y} = \frac{3981\mu F}{2} = 1990.5\mu F_{2S}$$

$$C_S = \frac{C_P}{Y-1} = \frac{1990.5\mu F}{2-1} = 1990.5\mu F_{4S}$$

④谐振槽路输入端电压 $V_a \approx 2000V$，L_H 电压 V_{LH} 为

$$V_{LH} = YV_a = 2 \times 2000V = 4000V$$

⑤校核：

$$f_0 = \frac{10^6}{2\pi \sqrt{79.62\mu \frac{V \cdot s}{A} \times 1990.5\mu \frac{A \cdot s}{V}}} = 400Hz$$

⑥L_H 的电流 i_0：

因为 L_H 自然功率因数在 0.1 左右，近似地认为视在电流等于无功电流 i_0：

$$i_0 \approx \frac{(Q_C/Y)}{V_a} = \frac{(40000kvar/2)}{2000V} = 10000A$$

方案三：3 倍压并联谐振槽路，如图 3-13（c）所示。

①感应器 L_H：$D = 1160$，$H = 1600$。

绕制匝数：$N_1 = Y \cdot N_{1纯并} = 3 \times 10 = 30$ 匝。

有载电感：$L_h = Y^2 L_{1纯并} \approx 3^2 \times 39.81\mu H \approx 358.29\mu H$。

无载电感：$L_{LH} = \frac{L_h}{K_T} = \frac{358.29\mu F}{0.7} \approx 511.84\mu H$。

②3 倍压串联支路等效电感 L_h' 为

$$L_h' = \frac{L_h}{\left(1 + \frac{C_P}{C_S}\right)} = \frac{358.29}{1+2} = 119.43\mu H$$

或

$$L_h' = \frac{L_h}{Y} = \frac{358.29\mu H}{3} = 119.43\mu H$$

③谐振电容 C_P 与 C_S：

$$C_P = \frac{C}{Y} = \frac{3981\mu F}{3} = 1327\mu F_{2S}$$

$$C_S = \frac{C_P}{Y-1} = \frac{1327\mu F}{3-1} = 663.5\mu F_{4S}$$

④并联谐振槽路输入端电压 $V_a \approx 2000\text{V}$，L_H 电压 V_{LH} 为

$$V_{LH} = YV_a = 3 \times 2000\text{V} = 6000\text{V}$$

⑤校核：

$$f_0 = \frac{10^6}{2\pi\sqrt{119.43\mu\dfrac{\text{V}\cdot\text{s}}{\text{A}} \times 1327\mu\dfrac{\text{A}\cdot\text{s}}{\text{V}}}} = 400\text{Hz}$$

⑥L_H 的视在电流 i_0：因为 L_H 自然功率因数在 0.1 左右，近似地认为视在电流等于无功电流 i_0：

$$i_0 \approx \frac{(Q_C/Y)}{V_a} = \frac{(40000\text{kvar}/3)}{2000\text{V}} = 6667\text{A}$$

结论：3 倍压时，L_H 的电流 $i_0 = 6667\text{A}$；但 $V_{LH} = 6000\text{V}$，L_H 做绝缘较困难；2 倍压时 L_H 的电流 $i_0 = 10000\text{A}$；$V_{LH} = 4000\text{V}$，L_H 做绝缘较容易。综合考虑设备的安全、效率、稳定，选择 2 倍压方案：

L_H 电路中：$D = 1160$；$H = 1600$；$N = 20$ 匝；$C_P = C_s = 1990.5\mu\text{F}$。

举例 2：一台中频电源 KGPS - 600/0.5s - 1t 型熔钢炉，进线电压 $V_L = 380\text{V}$，$V_D = 500\text{V}$，$V_a = 750\text{V}$；感应器 L_H 的自然功率因数 $\cos\phi \approx 0.1 \rightarrow$ 并联谐振槽路 $Q = 10$。原单纯并联时的槽路参数见图 3 - 14。为了提高效率，感应器 L_H 采用 "3 倍压" 重新设计改造。计算 $C - L_H$ 并联谐振槽路的硬件参数。

解：

①单纯并联时的槽路参数——作为多倍压计算的参考基准：

a. 槽路补偿电容容量数值 Q_C：

$$Q_C \approx Q_{LH} = \text{tg} \cdot \text{arccos}0.1 \cdot P = \text{tg}\,84.3° \times 600\text{kW} \approx 6000\text{kvar}$$

Q_C 对应的电容数值 C_P：

$$C_p = \text{RFM}0.75 - 2000/0.5\text{s} \text{ 三台 } (3396\mu\text{F})。$$

b. L_H 有载电感 L'_{lh}-无载电感 L_{lh}-匝数 $N_{并}$：

$$L'_{lh} = \frac{10^{12}}{(2\pi \cdot f_0)^2 C_P} = \frac{10^{12}}{\left(6.28 \times 500\,\dfrac{1}{\text{s}}\right)^2 \times 3396\mu\text{F}} = 30\mu\text{H}$$

$$L'_{lh} = \frac{L'_{lh}}{0.7} = \frac{30}{0.7} = 43\mu\text{H}$$

$N_{并} \approx 10$ 匝（计算从略）

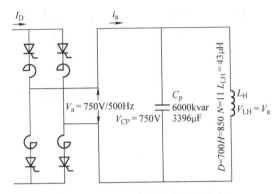

图 3-14 单纯并联时的槽路参数

②3 倍压槽路补偿电容：

a. 槽路补偿电容容量数值 $Q_C = 6000\text{kvar}$；

b. Q_C 对应的补偿电容数值 $C_{总}$：

$$C_{总} = \text{RFM0.75} - 2000/0.5\text{s} \, (1132\mu\text{F}) \text{ 三台}$$

其中：

$$C_P = \text{RFM0.75} - 2000/0.5\text{s} \, (1132\mu\text{F}) \text{ 一台。}$$

$$C_S = \text{RFM0.75} - 2000/0.5\text{s} \, (1132\mu\text{F}) \text{ 两台串联，}$$

或：

$$C_S = \text{RFM1.5} - 4000/0.5\text{s} \, (566\mu\text{F}) \text{ 一台。}$$

请参阅图 3-15 的（a）和（b）。

③计算 3 倍压槽路的 $C_S - L_H$ 串联支路有载等效电感 L'_{lh}：

$$L'_{lh} = \frac{10^{12}}{(2\pi \cdot f_0)^2 C_P} = \frac{10^{12}}{\left(6.28 \times 500 \frac{1}{s}\right)^2 \times 1132\mu \frac{\text{A} \cdot \text{s}}{\text{V}}} = 90\mu\text{H}$$

④L_H 本器空载电感 L_{LH} 及匝数 N：

a. 空载电感 L_{LH}：

$$L_{LH} = \frac{Y \cdot L'_{lh}}{K_T} = \frac{Y \cdot L'_{lh}}{0.7} = \frac{3 \times 90\mu\text{H}}{0.7} = 386\mu\text{H}$$

式中 L_H 的变压器效应修正系数 K_T 取 0.7。

b. L_H 本器匝数 N：

$$N = \sqrt{\frac{L_{LH} \, (45D + 102H)}{D^2}}$$

$$= \sqrt{\frac{384\mu\text{H} \times (45 \times 70 + 102 \times 85)}{70^2}} = 30.5$$

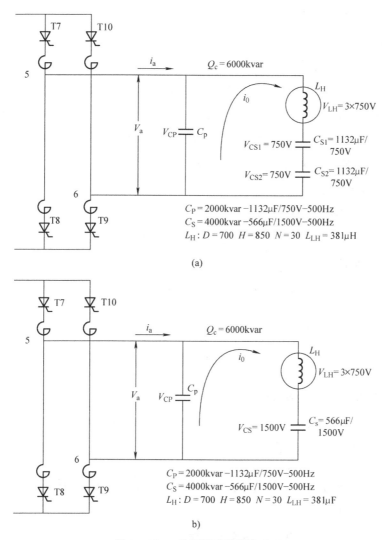

图 3－15　3 倍压槽路补偿电容

$$N=31\text{ 匝时：}f_0=\frac{10^6}{2\pi\sqrt{L'_{1h}C_P}}\approx\frac{10^6}{6.28\sqrt{90\mu H\times1132\mu F}}=499\text{Hz}$$

⑤结论：3 倍压匝数可取 30～31。

C_P＝RFM0.75－2000/0.5s 一台；

C_S＝RFM0.75－2000/0.5S 两台串联或 C_S＝RFM1.5－4000/0.5s

（566μF）一台。

举例 3： 配置为 VL380V－KGPS－800/1 的中频电源的槽路参数计算

【某产品设计摘录】

解:

①L_H 基本数据:

a. $D=680$,$H=850$ 倍压系数 $Y=4$;

b. $P=800\text{kW}/1000\text{Hz}-1\text{t}$ 熔钢炉;

c. $V_a=750\text{V}$,倍压数 $Y=4$,$V_{LH}=YV_a=3000\text{V}$;

d. 自然功率因数 $\cos\phi\approx0.1\rightarrow Q\approx10$。

②补偿电容

a. 总振荡电容容量 $Q_{C总}$:

$$Q_{C总}=QP=10\times800\text{kW}=8000\text{kvar};$$

b. 并联电容容量 Q_{CP}:

$$Q_{CP}=\frac{Q_{C总}}{Y}=\frac{8000\text{kvar}}{4}=2000\text{kvar};$$

c. 并联电容值 C_P:

$$C_P=\frac{Q_{CP}10^6}{2\pi f_0\cdot V_a^2}=\frac{2000\text{kvar}\times10^6}{6.28\times1000\times750\text{V}^2}=566\mu\text{F}$$

d. 串联升压电容容量 Q_{CS}:

$$Q_{CS}=(Y-1)Q_{CP}=3\times2000\text{kvar}=6000\text{kvar}$$

e. 串联升压电容值 C_S:

$$C_{S(2250\text{V})}=\frac{Q_{CS}10^6}{2\pi f_0\cdot\left[(Y-1)\ V_a\right]^2}=\frac{6000\text{kvar}\times10^6}{6.28\times1000\times(3\times750\text{V})^2}=188.7\mu\text{F}$$

③L_H 相关电感

a. L_H-C_S 串联升压支路等效有载电感 L_h':

$$L_h'=\frac{10^{12}}{(2\pi f_0)^2C_P}=\frac{10^{12}}{(6.28\times1000\text{Hz})^2\times566\mu\text{F}}=44.8\mu\text{H}$$

b. L_H 的空载电感 L_{LH}

$$L_{LH}=\frac{YL_h'}{K_T}=\frac{4\times44.8\mu\text{H}}{0.7}=256\mu\text{H}$$

c. 电热电容及 L_H 电感量等参数配置如图 3-16 所示。

④L_H 的匝数 N:

a. 软件初算:如图 3-17 所示软件计算截图。

V_a=750V
2250V
C_s=188.7μF/2250V
(6000kvar)
C_p=566μF/750V
(2000kvar)
L'_h=44.8μF
(升压支路等效电感)
3000V
L_H: 25匝
L_{LH} = 256μF

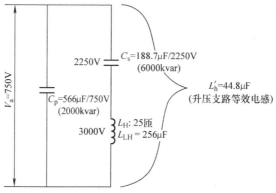

图 3-16　4 倍压槽路参数配置

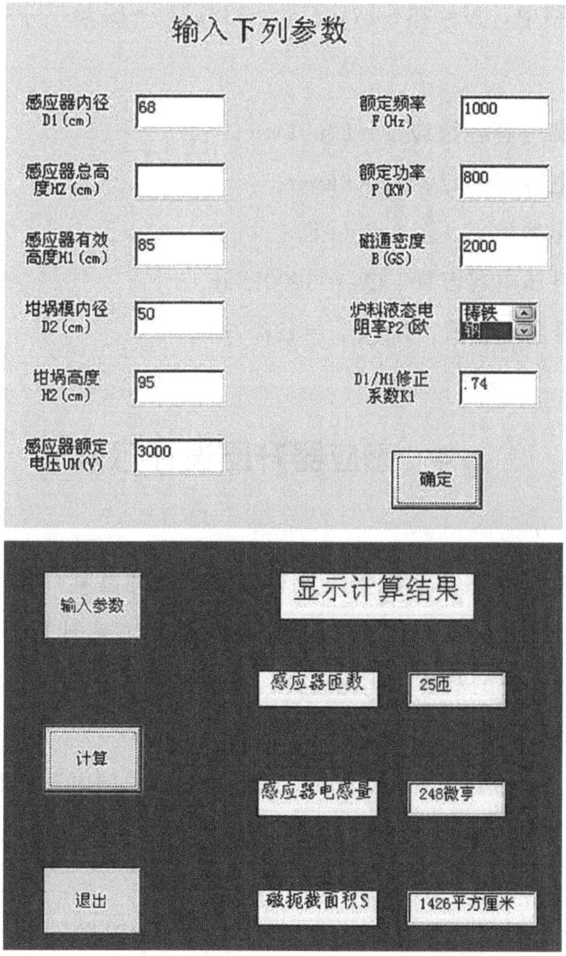

输入下列参数
感应器内径 D1 (cm)
68
感应器总高度HZ (cm)
感应器有效高度H1 (cm)
85
坩埚模内径 D2 (cm)
50
坩埚高度 H2 (cm)
95
感应器额定电压UH (V)
3000
额定频率 F (Hz)
1000
额定功率 P (KW)
800
磁通密度 B (GS)
2000
炉料液态电阻率P2 (欧
铸铁
钢
D1/H1修正系数K1
.74
确定
输入参数
显示计算结果
感应器匝数
25匝
计算
感应器电感量
248微亨
退出
磁扼截面积S
1426平方厘米

图 3-17　感应器匝数 *N* 计算软件截图

软件计算结果：$N=25$ 匝；$L_{LH}=248\mu H$。

理论计算与软件计算基本一致。当 $N=25$ 匝时→L_H-C_S串联升压支路等效有载电感 L'_h：

$$L'_h = \frac{K_T L_{LH}}{Y} = \frac{0.7 \times 248\mu H}{4} = 43.4\mu H$$

$$f_0 = \frac{10^6}{2\pi \sqrt{L'_h C_P}} = \frac{10^6}{6.28 \sqrt{43.4\mu H \times 566\mu F}} \approx 1016Hz$$

b. 只要炉体工艺空间允许，L_H 可以在 $N=25\sim27$ 匝范围。

⑤槽路器件配置参数一览：

a. L_H 电路中，$N=25\sim27$，$L_{LH}=248\mu H$ → $L'_h = \frac{K_T L_{LH}}{4} = \frac{0.7 \times 248}{4}$

$=43.4\mu H$。

b. 总振荡电容容量 $Q_{C总}=8000kvar$。

c. 并联电容容量 $Q_{CP}=2000kvar$。

d. 并联电容值 $C_{P(750V)}=566\mu F$。

e. 串联升压电容容量：$Q_{CS}=6000kvar$。

f. 串联升压电容值：$C_{S(2250V)}=188.7\mu F$。

3.4 感应器升压设计示范

为了让读者熟悉并掌握倍压计算方法，以许昌某厂的 KGPS-800/0.7-1T铸铁中频电源的 L_H 为例，进行三种倍压方案计算。对计算结果，进行分析比较，斟酌利弊，优化选择。以实例讲述计算方法，更直观，易理解，宜仿效。

举例 1：许昌某厂-KGPS-800/0.7-1T铸铁中频电源的 L_H1.5 倍压参数计算。

解：

①1.5 倍压时，$V_{LH}=3300V/0.7$——L_H 相关参数计算。

a. L_H/1T铸铁的基本数据：

进线电压 660V，12 脉波整流串联，$V_D=1700V$，$P=800kW$，$I_D=470A$，并联槽路中频电压 $V_a=2200V$。

$N=35$，$D_内=740$，$H_{有效}=1000$，$L_{LH}=446.8\mu H$。

倍压系数 $Y=1.5 \rightarrow V_{LH}=3300V$，$f_0=700Hz$；$V_a=V_{CP}=2200$，$V_{CS}=1100V$；感应器自然功率因数 $\cos\phi=0.1 \rightarrow tg\phi=10$。

软件计算 L_H 匝数的截图如图 3-18 所示。

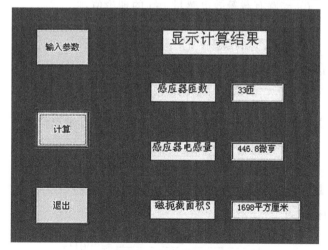

图 3-18 感应器匝数 N 计算软件截图

b. 感应器的无功为 Q_{LH}。补偿电容 C 的容量 Q_C 近似为

$$Q_C = P \cdot tg\phi = 800kW \times 10 = 8000kvar \ [2200V]$$

$$= 8000kvar/(V_a - 700Hz) \rightarrow [C = 376\mu F]$$

c. 槽路并联电容 C_P 为

$$C_P = \frac{C}{Y} = \frac{376\mu F}{1.5} = 251\mu F$$

d. 槽路 L_H 的升压电容 C_S 为

$$C_S = \frac{C_P}{Y-1} = \frac{251\mu F}{1.5-1} = 502\mu F$$

e. 并联电容 C_P 的补偿无功容量 Q_P 为

$$Q_P = \frac{Q_C}{Y} = \frac{8000kvar}{1.5} = 5334kvar$$

f. 升压电容 C_S 的补偿无功容量 Q_S 为

$$Q_S = (Y-1) \ Q_P = (1.5-1) \times 5334kvar = 2667kvar$$

g. 升压电容 C_S 的电压 V_{CS} 为

$$V_{CS} = (Y-1) \ V_{CP} = (1.5-1) \times 2200V = 1100V$$

h. 感应器 L_H 的电压 V_{LH} 为

$$V_{LH} = YV_a = 1.5 \times 2200V = 3300V$$

②L_H - C_S 支路有载等效电感量 $L'_{h支}$ 的理论值：

$$L'_{h支} = \frac{10^{12}}{(2\pi f_0)^2 C_P} \approx \frac{10^{12}}{(6.28 \times 700)^2 \times 251} = 206\mu H$$

则感应器 L_H 的有载电感量理论值 L_h：

$$L_h = YL'_{h支} = 1.5 \times 206\mu H = 309\mu H$$

变压器效应系数取 $K_T = 0.7$，L_H 无载电感 L_{LH} 理论值：

$$L_{LH} = \frac{L'_h}{0.7} = \frac{309}{0.7} = 441\mu H$$

③槽路有载振荡频率 f_0：

a. 理论值：

$$f_0 = \frac{10^6}{2\pi \ \sqrt{206\mu H \times 251\mu F}} \approx 700Hz$$

86

b. 软件计算值：

$$f_0 = \frac{10^6}{2\pi \sqrt{\dfrac{0.7 \times 446.8\mu\text{H}}{1.5} \times 251\mu\text{F}}} \approx 696\text{Hz}$$

c. 结论：

Ⅰ. 软件计算与手工计算基本相等，符合设计要求。可使 $N=34\sim35$。

Ⅱ. $I_D=470\text{A}$，正常换流时间不大于 $10\mu\text{s}$，启动成功率可 100%。

d. 软件计算磁轭截面积 $S=1601\text{cm}^2$。磁轭截面不足或质量较差，会造成磁轭涡流焦耳热损增加，较之无磁轭铝壳炉反而降低效率。

④整体的 L_H 结构，要注意：

a. 上下水圈的高度、距有效感应器距离及静电处理措施。

b. 短路环距有效感应器不得小于 250mm。

c. 上炉口钢板直径，在小功率不置短路环的情况下，须比 L_H 直径大 400mm 以上，以减少炉口钢板涡流发热。

⑤槽路参数配置图如图 3-19 所示。

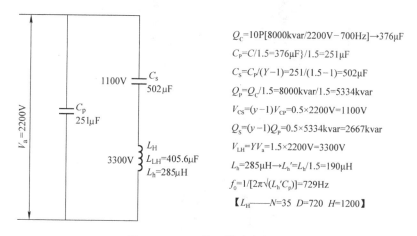

$Q_C=10\text{P}[8000\text{kvar}/2200\text{V}-700\text{Hz}]\rightarrow376\mu\text{F}$

$C_P=C/1.5=376\mu\text{F}\}/1.5=251\mu\text{F}$

$C_S=C_P/(Y-1)=251/(1.5-1)=502\mu\text{F}$

$Q_P'=Q_C/1.5=8000\text{kvar}/1.5=5334\text{kvar}$

$V_{CS}=(y-1)V_{CP}=0.5\times2200\text{V}=1100\text{V}$

$Q_S=(y-1)Q_P=0.5\times5334\text{kvar}=2667\text{kvar}$

$V_{LH}=YV_a=1.5\times2200\text{V}=3300\text{V}$

$L_h=285\mu\text{H}\rightarrow L_h'=L_h/1.5=190\mu\text{H}$

$f_0=1/[2\pi\sqrt{(L_h'C_P)}]=729\text{Hz}$

【L_H——$N=35$　$D=720$　$H=1200$】

图 3-19　1.5 倍压槽路参数配置

⑥炉体结构工艺之要求。

如图 3-20 所示。钢构炉体即装置磁轭的炉体。炉体工艺、机电结构和磁轭计算、尺寸布置，是决定炉体质量的主要内容。有关器件尺寸及器件之间的相对尺寸，直接标示于工艺图，以便更直观更易理解。又另附某厂进口 MK7 - 3000kW - 10T/200Hz 中频电源的钢构炉体结构工艺尺寸图，如图 3 - 21 所示供参考、分析和与本例炉体结构工艺要求图进行比较，由读者自己总结出不同功率炉体的相关工艺要求。

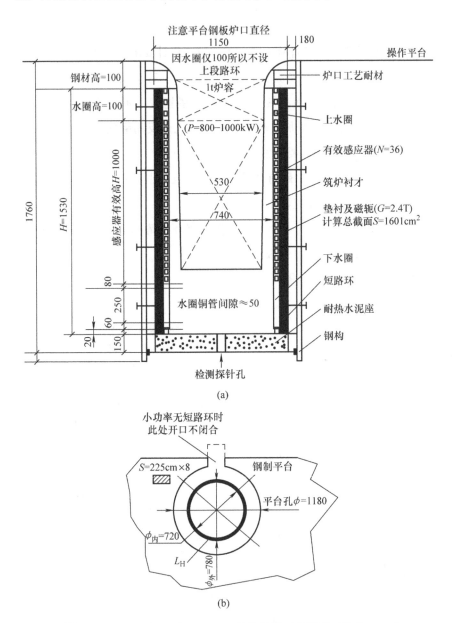

(a)

(b)

图 3 - 20 KGPS - 800/0.7 - 1T铸铁炉体结构工艺要求（单位：mm）

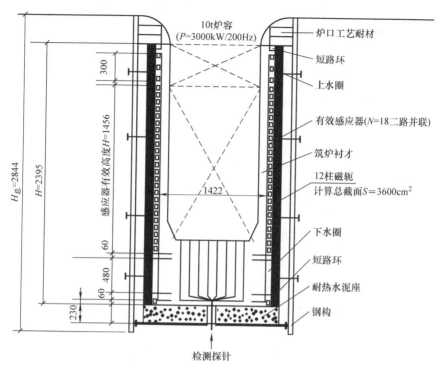

图 3-21 MK7-3000/0.2-10T铸铁炉体结构工艺尺寸参考（单位：mm）

举例 2：配置为 KGPS-800/0.7-1T铸铁 的中频电源的 L_H 3 倍压参数计算。

解：

①3 倍压 $V_{LH}=3300V/0.7$——L_H 相关参数计算：

a. $L_H/1T铸铁$ 的基本数据。

进线电压为 660V，12 脉波整流并联，$V_D=850V$，$P=800kW$，$I_D=941A$，并联槽路中频电压 $V_a=1100V$，$Y=3$，$f_0=700Hz$。

L_H 数据及相关参数同"举例 1"：$N=33$，$D_内=740$，$H_有效=1000$，$L_{LH}=446.8\mu H$。

$V_{LH}=3300V$，$f_0=700Hz$，感应器自然功率因数 $\cos\phi=0.1 \rightarrow tg\phi=10$。

逆变器中频电压 $V_a=V_{CP}=1100V$。

b. 感应器的无功为 Q_{LH}，$Q_{LH}=Q_C$。补偿电容 C 的容量近似为

$$Q_C=P \cdot tg\phi=800kW \times 10=8000kvar \ [1100V]$$

89

$$=8000\text{kvar}/(1100\text{V}-700\text{Hz})\rightarrow[C\approx1506\mu\text{F}]$$

c. 槽路并联电容 C_P 为

$$C_P=\frac{C}{Y}=\frac{1506\mu\text{F}}{3}=502\mu\text{F}$$

d. 槽路 L_H 的升压电容 C_S 为

$$C_S=\frac{C_P}{Y-1}=\frac{502\mu\text{F}}{3-1}=251\mu\text{F}$$

e. 并联电容 C_P 的补偿无功容量 Q_{CP} 为

$$Q_{CP}=\frac{Q_C}{Y}=\frac{8000\text{kvar}}{3}=2667\text{kvar}$$

f. 升压电容 C_S 的无功容量 Q_{CS} 为

$$Q_{CS}=(Y-1)Q_P=(3-1)\times2667\text{kvar}=5334\text{kvar}$$

g. 升压电容 C_S 的电压 V_{CS} 为

$$V_{CS}=(Y-1)V_{CP}=(3-1)\times1100\text{V}=2200\text{V}$$

h. 感应器 L_H 的电压 V_{LH} 为

$$V_{LH}=YV_a=3\times1100\text{V}=3300\text{V}$$

②L_H-C_S 串联支路的有载等效电感量 $L'_{h支}$ 理论值:

$$L'_{h支}=\frac{10^{12}}{(2\pi f_0)^2C_P}\approx\frac{10^{12}}{(6.28\times700)^2\times502}=103\mu\text{H}$$

则感应器 L_H 的有载电感量理论值 L_h:

$$L_h=YL'_{h支}=3\times103\mu\text{H}=309\mu\text{H}$$

变压器效应系数取 $K_T=0.7$。L_H 无载电感 L_{LH} 理论值:

$$L_{LH}=\frac{3L'_{h支}}{0.7}=\frac{309}{0.7}=441\mu\text{H}$$

$$N=\sqrt{\frac{L_{LH}(45D+102H)}{D^2}}=\sqrt{\frac{441\mu\text{H}\times(45\times74+102\times100)}{74^2}}=33\text{ 匝}$$

③槽路有载振荡频率 f_0 理论值:

a. 手工计算值:

$$f_0=\frac{10^6}{2\pi\sqrt{103\mu\text{H}\times502\mu\text{F}}}\approx700\text{Hz}$$

b. 软件计算值:

$$f_0 = \frac{10^6}{2\pi\sqrt{\dfrac{0.7\times446.8\mu H}{3}\times502\mu F}} \approx 696Hz$$

c. 结论：

Ⅰ. 软件计算与手工计算基本相等。$N=33$ 基本符合设计要求。

Ⅱ. $I_D=941A$，正常换流时间不大于 $20\mu s$，启动成功率较高。

④软件计算磁轭截面积 $S=1601cm^2$。

⑤整体的 L_H 结构，与"举例 1"相同。

⑥槽路参数配置如图 3-22 所示。

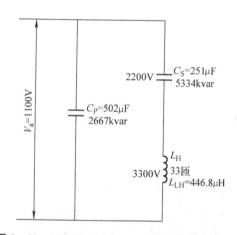

图 3-22 KGPS-800/0.7—3 倍压槽路参数配置

举例 3：配置为 KGPS-800/0.7-1T铸铁 的中频电源的 L_H 4 倍压参数计算。

解：

①4 倍压时，$V_{LH}=4400V/0.7$——L_H 相关参数计算：

a. $L_H/1T$铸铁 的基本数据。

进线电压为 660V，12 脉波整流并联，$V_D=850V$，即并联槽路中频电压 $V_a=1100V$。

软件计算 L_H 的 4 倍压匝数及相关数据与参数：$N=46$（软件计算值 $N=47$），$D_内=720$，$H_有效=1300$，$L_{LH}=712.1\mu H$，$L_h\approx498\mu H$；$V_{LH}=4400V$，$f_0=700Hz$；感应器自然功率因数 $\cos\phi=0.1\rightarrow tg\phi=10$。

逆变器中频电压 $V_a = V_{CP} = 1100\text{V}$，振荡电容 C_P、C_S 及相关参数计算如下。

软件计算 L_H 的 4 倍压匝数，如图 3-23 所示。

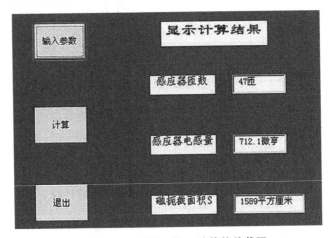

图 3-23 感应器匝数 N 计算软件截图

b. 感应器的无功功率为 Q_{LH}，$Q_{LH} = Q_C$ 补偿电容 C 的容量近似为

$$Q_C = P \cdot \text{tg}\phi = 800\text{kW} \times 10 = 8000\text{kvar} \quad [1100\text{V}]$$

$$= 8000\text{kvar}/1100\text{V} - 700\text{Hz} \rightarrow [C \approx 1506\mu\text{F}]$$

c. 槽路并联电容 C_P 为

$$C_P = \frac{C}{Y} = \frac{1506\mu F}{4} = 376.5\mu F$$

d. 槽路 L_H 的升压电容 C_S 为

$$C_S = \frac{C_P}{Y-1} = \frac{376.5\mu F}{4-1} = 125.5\mu F$$

e. 并联电容 C_P 的补偿无功容量 Q_P 为

$$Q_P = \frac{Q_C}{Y} = \frac{8000kvar}{4} = 2000kvar$$

f. 升压电容 C_S 的补偿无功容量 Q_S 为

$$Q_S = (Y-1)Q_P = (4-1) \times 2000kvar = 6000kvar$$

g. 升压电容 C_S 的电压 V_{CS} 为

$$V_{CS} = (Y-1)V_{CP} = (4-1) \times 1100V = 3300V$$

h. 感应器 L_H 的电压 V_{LH} 为

$$V_{LH} = YV_a = 4 \times 1100V = 4400V$$

② $L_H - C_S$ 串联支路的有载等效电感量 L_h' 理论值：

$$L_h' = \frac{10^{12}}{(2\pi f_0)^2 C_P} \approx \frac{10^{12}}{(6.28 \times 700)^2 \times 376.5} = 137\mu H$$

则感应器 L_H 的有载电感量理论值 L_h：

$$L_h = YL_h' = 4 \times 137\mu H = 550\mu H$$

变压器效应系数取 $K_T = 0.7$。L_H 无载电感 L_{LH} 理论值：

$$L_{LH} = \frac{L_h}{0.7} = \frac{550}{0.7} = 786\mu H$$

$$N = \sqrt{\frac{L_{LH}(45D+102H)}{D^2}} = \sqrt{\frac{786\mu H \times (45 \times 72 + 102 \times 130)}{72^2}} = 50 \text{ 匝}$$

③槽路有载振荡频率 f_0：

a. 手工计算值：

$$f_0 = \frac{10^6}{2\pi\sqrt{137\mu H \times 376.5\mu F}} \approx 700Hz$$

b. 软件计算值：

$$f_0 = \frac{10^6}{2\pi\sqrt{\dfrac{0.7 \times 712.1\mu H}{4} \times 376.5\mu F}} \approx 735Hz$$

c. 结论：两种算法基本相同。可使 $N=46\sim50$。C_P、C_S 按计算配置。

④软件计算磁轭截面积 $S=1589cm^2$。磁轭截面积不足或质量较差，会造成磁轭涡流焦耳热损增加，从而降低效率。

⑤炉体结构基本同"举例1"。

⑥槽路参数配置如图 3-24 所示。

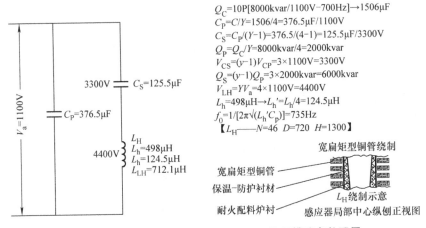

$Q_C=10P[8000kvar/1100V-700Hz]\rightarrow1506\mu F$
$C_P=C/Y=1506/4=376.5\mu F/1100V$
$C_S=C_P/(Y-1)=376.5/(4-1)=125.5\mu F/3300V$
$Q_P=Q_C/Y=8000kvar/4=2000kvar$
$V_{CS}=(y-1)V_{CP}=3\times1100V=3300V$
$Q_S=(y-1)Q_P=3\times2000kvar=6000kvar$
$V_{LH}=YV_a=4\times1100V=4400V$
$L_h=498\mu H\rightarrow L_h'=L_h/4=124.5\mu H$
$f_0=1/[2\pi\sqrt{(L_h'C_p)}]=735Hz$
【L_H——$N=46$ $D=720$ $H=1300$】

$V_a=1100V$
3300V $C_S=125.5\mu F$
$C_P=376.5\mu F$
L_H
4400V $L_h=498\mu H$
$L_h=124.5\mu H$
$L_{LH}=712.1\mu H$

宽扁矩型铜管绕制
宽扁矩型铜管
保温-防护衬材
耐火配料炉衬
L_H绕制示意
感应器局部中心纵刨正视图

图 3-24 KGPS-800/0.7-T铸铁——4 倍压槽路参数配置

举例 4：软件计算配置为 KGPS-3500/0.3-Y＝2.8°的中频电源主电路参数。

解：

①基本数据

a. 感应器 L_H 的功率频率 P/f_0：3500kW/300Hz；

b. 感应器 L_H 的尺寸：铸铁 5t，$D=1150$ $H=1300$；

c. 进线电压 $V_L=660V$，主变 D/d0-yn11/2×660V；

d. 直流电压 $V_D=890V$，中频电压 $V_a=(1157\sim1160V)$；

e. 倍压系数 $Y=2.8$；

f. L_H 的自然功率因数 $\cos\delta\approx0.1\rightarrow\tan\delta\approx10$（$Q\approx10$）；

g. 槽路分部电感 $L_{分部}\approx10\mu H$；

h. 效率 $\eta\approx65\%$；

i. 短路环与 L_H 的距离：上部≥300mm，下部≥400mm；

j. 磁轭的磁感应强度 B 取值原则：额定运行轭体温度≤60℃。

②采用李澍信倍压槽路计算软件计算主配。

a. 软件计算，如图 3-25 所示。

图 3-25　KGPS-3600/300Hz 并联型中频电源主要硬件配置

b. 滤波电抗计算截图，如图 3 - 26 所示。

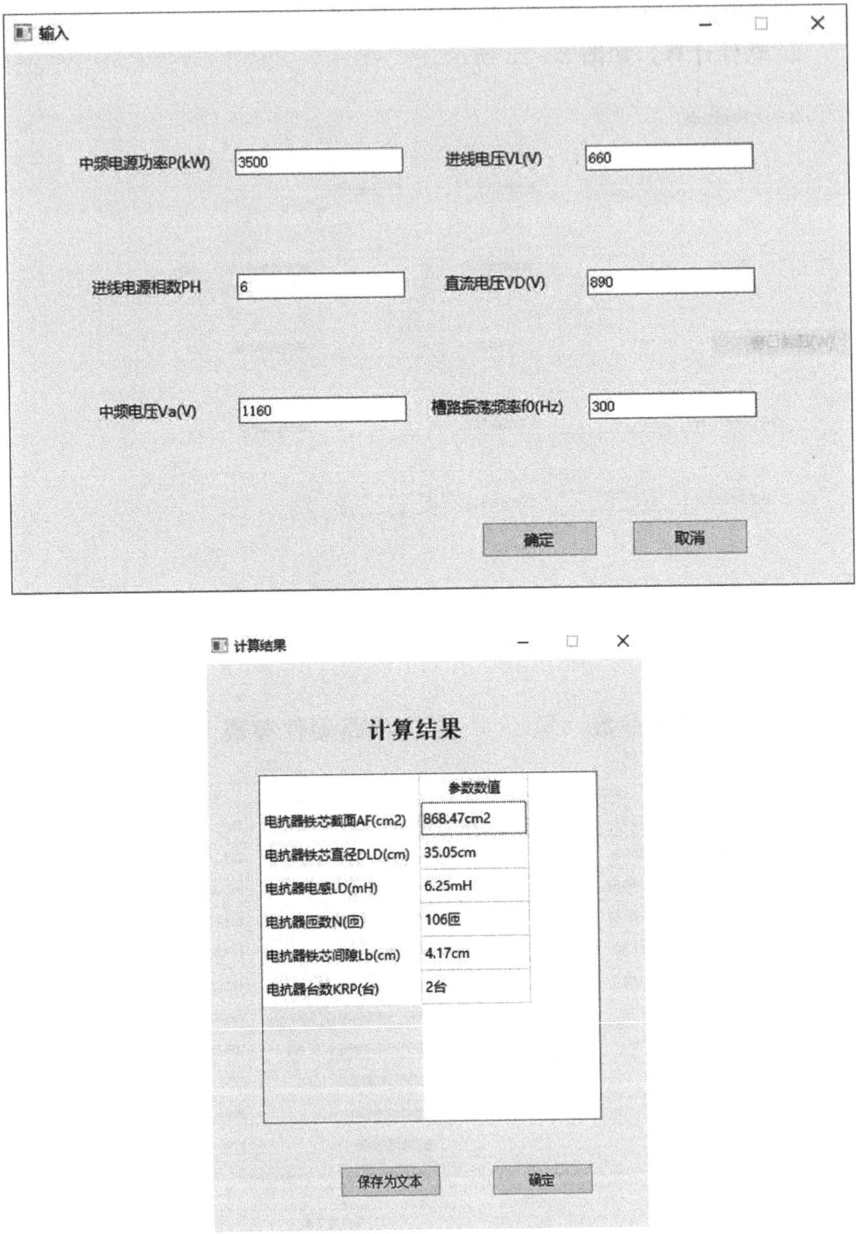

图 3 - 26 滤波电抗计算截图

c. 槽路参数如图 3 - 27 所示。

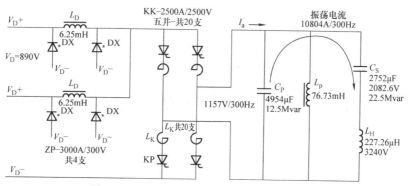

图 3 - 27 **KGPS - 3500/0.3——Y＝2.8 参数**

③主电路配置主要器件一览：

a. 整流桥：KP - 2500A/2500V ——————————————— 12；

b. 逆变桥：KK - 2500A/2500V（五并）——————————— 20；

c. 续流管：ZP - 3000A/3000V ——————————————— 04；

d. 换流电感：L_K/1000A ————————————————————— 20；

e. 平流电抗：L_D/6.25mH - 2000A（详见截图）————— 02；

f. 旁路电抗：L_P/76.73 mH - 8A$_{300Hz}$（详见截图）—— 01；

g. 振荡电容：C_P/4954μF - 1200V（详见截图）————自配；

h. 串联电容：C_S/2752μF - 1200V（详见截图）————自配；

i. 感应器：L_H/D＝1150－H＝1300－227.26μH－18T，如图 3 - 28 所示，

三种绕制方法，推荐 a 和 b，不推荐 c。

PI-3500/0.3感应器：[N=18T D=1150 H=1300]三种绕制方法

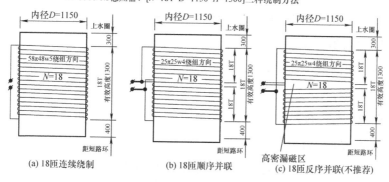

图 3 - 28 **KGPS - 3500/0.3 的感应器绕法（单位：mm）**

第4章 特殊感应器的设计技巧

4.1 真空炉中频电源槽路节能设计

空气在真空度很高时产生带电离子，类似地球外层空气电离层。因此，真空炉体内感应器电压 V_{LH} 受到限制，必须设置中频变压器（B_H）"隔离""降压"。常见 $V_{LH} \approx 250 \sim 400V$。$B_H$ 的设置，使槽路设计复杂了许多。本节介绍有中频变压器复杂谐振槽路的一种实用估算技巧。

举例1：KGPS-1000/2000Hz，中频电源槽路硬件参数估算

1. L_H-B_H 的基本数据

①感应器 L_H 额定功率 $P=1000kW$，熔炼合金铁；L_H 自然功率因 $\cos\phi \approx 0.12 \Rightarrow Q=8$。

②中变 B_H 参数：

a. 视在功率 $S=5000kVA$，短路阻抗电压百分比 $U_k\% \leqslant 10\%$；一次电压 $V_1=750V$，二次电压 $V_2=400V$，变比 $K=1.875$。

b. 感应器无功 Q_L 补偿方式：

在二次侧 100% 补偿，即 $Q_L=Q_C=8P=8000kvar$。

③效率 $\eta=40\%$。

④感应器参数：

a. $D=700$，$H=900$。

b. 软件计算 L_H 匝数，如图 4-1 所示的软件计算截图。

$N=2$，$L_{LH}=1.631\mu H \rightarrow L'_{h实}=0.7L_{LH}=1.1417\mu H$。

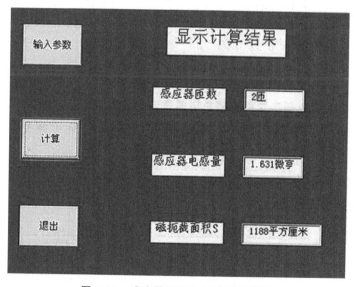

图 4-1 感应器匝数 N 计算软件截图

⑤槽路谐振频率 $f_0 = 2000\text{Hz}$。

2. 补偿电容计算

中频变压器二次侧额定运行时 $V_{C2} \approx 400\text{V}/2000\text{Hz}$，超前无功 Q_C 为

$$Q_C = P \cdot \mathrm{tg}83° \approx 1000\mathrm{kW} \times 8 = 8000\mathrm{kvar}$$

$$C_2 = 3980\mu F$$

如图 4 - 2 所示。

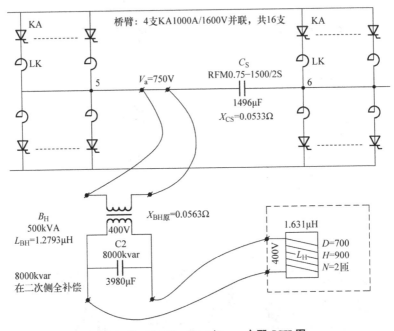

图 4 - 2　KGPS - 1000/2——主配 SCH 图

3. 中频变压器二次侧有载总电感量理论值 $L_{总}$

$L_{总}$ 包括两部分——感应器 L_H 的有载电感 L'_h 和中频变压器的漏感 L_{TL}。

①L_H 有载电感量 L'_h 和空载电感 L_{LH}：

a. L_H 有载电感量 L'_h：

$$L'_h = \frac{10^{12}}{(2\pi f_0)^2 C_2} \approx \frac{10^{12}}{\left(6.28 \times 2000\ \dfrac{1}{\mathrm{s}}\right)^2 \times 3980\left(\dfrac{\mathrm{A} \cdot \mathrm{s}}{\mathrm{V}}\right)}$$

$$= \frac{10^{12}}{157753600\ \dfrac{1}{\mathrm{s}^2} \times 3980\ \dfrac{\mathrm{A} \cdot \mathrm{s}}{\mathrm{V}}} \approx 1.5928\mu\ \frac{\mathrm{V} \cdot \mathrm{s}}{\mathrm{A}}\mu H$$

b. L_H 无载空载电感 L_{LH}：

$$L_{LH} = \frac{L'_h}{K_T} = \frac{1.5928\mu H}{0.7} = 2.2754\mu H$$

②中频变压器漏感 L_{BH}：

漏感抗 X_{BH} 数值近似等于短路阻抗 Z_K。要求厂家制作中频变压器时，采取措施使短路阻抗电压百分比 $u_K\% \leqslant 10\%$。则漏感 L_{BH} 近似为

$$L_{BH} \approx \frac{V_2 \times u_K\% \times 10^6}{2\pi \cdot f_0 \cdot I_2} = \frac{400V \times 10\% \times 10^6}{6.28 \times 2000 \frac{1}{s} \times 2500A} \approx 1.2739\mu \frac{V \cdot s}{A}\mu H$$

③一次侧串联电容 C_S 的容抗 X_{CS}：

a. C_S 选择用一台 RFM0.4-1500/2s（1496μF），则

$$X_{CS} = \frac{10^6}{2\pi \cdot f_0 \cdot C_S} = \frac{10^6}{6.28 \times 2000 \frac{1}{s} \times 1496 \frac{A \cdot s}{V}} = 0.0533 \frac{V}{A}$$

b. 折算到一次侧的中频变压器漏抗 $X_{HB原}$：

$$X_{BH原} = 2\pi \cdot f_0 \cdot K^2 L_{BH} = 6.28 \times 2000 \frac{1}{s} \times 1.875^2 \times 1.2739\mu \frac{A \cdot s}{A}$$

$$= 0.0563 \frac{V}{A}$$

④ $X_{CS} \approx X_{BH原}$，漏抗无功基本被 C_S 全补偿。中频变压器副边侧有载总电感量 $L_总$ 则为：

$$L_总 \approx L_h' = 1.5928\mu H$$

4. 槽路谐振频率校核

①校核采用理论值——$L_总 \approx L_h' = 1.5928\mu H$：

$$f_0 = \frac{10^6}{2\pi \sqrt{L_总 C_2}} = \frac{10^6}{2\pi \sqrt{1.5928\mu H \left(\frac{V \cdot s}{A}\right) \times 3980\mu F \left(\frac{A \cdot s}{V}\right)}} = 2000Hz$$

②校核采用软件计算值——$L_总 \approx L_h' = 0.7 \times 1.631\mu H = 1.1417\mu H$

$$f_0 = \frac{10^6}{2\pi \sqrt{L_总 C_2}} = \frac{10^6}{2\pi \sqrt{1.1417\mu H \times 3980\mu F}} = 2362Hz$$

感应器的实际制作，采用软件计算参数：$N=2$，$L_{LH} = 1.631\mu H \rightarrow L_{h实}' = 0.7L_{LH} = 1.1417\mu H$。

谐振频率比原设想的理论谐振频率 2000Hz 略高，但基本符合设计要求。如果欲降低频率至 2000Hz，则可酌情加厚炉衬。

5. L_H 的视在电流 I_s

如图 4 - 3 所示，L_H 的功率 $P=1000\text{kW}$，无功 $Q_L=8000\text{kvar}$，则 L_H 的视在功率 S_{LH} 为

$$S_{LH}=\sqrt{P^2+Q_L^2}=\sqrt{1000^2+8000^2}=8062.26\text{kVA}$$

L_H 的视在电流 I_{LH} 为

$$I_{LH}=\frac{S_{LH}}{V_2}=\frac{8062260\text{VA}}{400\text{V}}=20156\text{A}$$

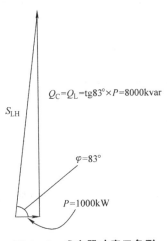

$Q_C=Q_L=\text{tg}83°\times P=8000\text{kvar}$

S_{LH}

$\varphi=83°$

$P=1000\text{kW}$

图 4 - 3　感应器功率三角形

知道了 L_H 的视在电流 $I_{LH}=20156\text{A}$，确定合理的感应器铜管电流密度 λ（因频率较高选择 $\lambda=10\text{A}/\text{mm}^2$）。铜管选择导电截面 $S_{管}$ 为

$$S_{管}\geqslant\frac{I_{LH}}{\lambda}=\frac{20156\text{A}}{(10\text{A}/\text{mm}^2)}=2015.6\text{mm}^2$$

6. L_H 制作的工艺特点

①感应器 L_H 的"电压低-频率高"使得 $I_{LH}=20156\text{A}$。感应器铜管要有足够的截面积 $S_{管}$，使电流密度 $\lambda\leqslant10\text{A}/\text{mm}^2$。

②因是真空炉，感应器铜管要做好绝缘处理。

③注意铜管可靠的焊接。

④注意各路铜管水压均匀措施。

如图 4 - 4 所示。

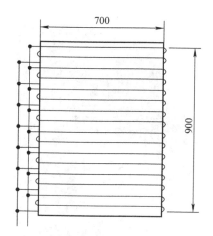

图 4 - 4 感应器绕制的线圈和并联（单位：mm）

举例 2：计算中频变压器 T_H（充氩气）的 C-L_H 槽路。

$500kW/2500Hz$-$700×700×3000$ 石墨坩埚-$2500℃$ 陶瓷热处理

1. 基本数据

①长方形石墨坩埚尺寸（cm）：$70×70×300$，四周碳毡衬厚 15cm，间隙 $\delta=5cm$。

［石墨坩埚＋碳毡衬］等效内径：$D_{坩碳}=96cm$（碳毡），再考虑到碳毡。

②真空罐内保护气体 Ar［0.04MPa］，定期更换。

③石墨坩埚内"物体"加热温度：$2500℃$（使用温度 $2400℃$）。

④生产节拍：$2500℃/12h$，炉内（模具内）温差 $±15℃$ 。

⑤设备总效率 $\eta=40\%$。

⑥用户提供主变为 $S=500kVA$，$D/yn11$-$10kV/380V$；要求功率 $P=500kW$。

⑦感应器 L_H 尺寸（cm）：$110×110×320$——坩埚与 L_H 之间为 15cm 碳毡＋5cm 耐热保温材料。

方形 L_H 等效为圆形 L_H 的内径：$D_{LH}=124cm$，L_H 铜管包四层玻璃纤维布并浸耐热漆。

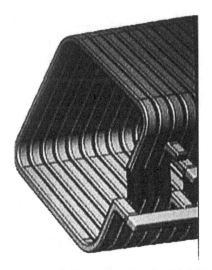

图 4-5　边长 1100mm 的正方形感应器

⑧在 0.04MPa 气氛中的 L_H 电压 $V_{LN}=500V$。

⑨L_H 自然功率因数 $\cos\phi\approx0.08$，槽路品质因数 $Q=12$。

⑩槽路振荡频率 $f_0\approx2500Hz$。

⑪中频变压器 T_H：$S=1000kVA$，变比 $K=750V/500V=1.5$，无功电流 $I_{LH无}=12000A/2500Hz$。

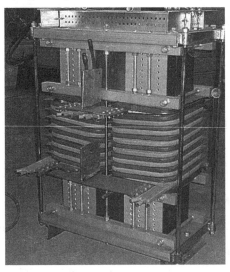

图 4-6　参考照片：铁氧体芯 5000kVA/1000Hz-1000V/300V 中变

⑫不锈钢罐体直径：$220\sim240$cm 。

⑬不锈钢罐体内 Ar 气压力 0.04MPa，定期更新。

2. 感应器 L_H 参数计算

①基本数据：

a. 非圆形 L_H 等效为圆形 L_H 的内径 D_{LH}：

$$D_{LH}=2\sqrt{\frac{S}{\pi}} \tag{4-1}$$

式中，S——感应器内通过磁通 Φ 的截面积。

D_{LH}——与非圆形 L_H 截面积 S 相等时的等效圆截面直径。

$$D_{LH}=2\sqrt{\frac{S}{\pi}}=2\sqrt{\frac{110\text{cm}^2}{\pi}}=124\text{cm}$$

L_H 内中 （石墨坩埚＋碳毡衬） 等效内径 $D_{坩碳}$：

$$D_{LH}=2\sqrt{\frac{S}{\pi}}=2\sqrt{\frac{(70\text{cm}+15\text{cm})^2}{\pi}}=75.9\text{cm}\approx76\text{cm}$$

b. L_H 长度 $H=320$cm。

c. 自然功率因数 $\cos\Phi\approx0.08\rightarrow$槽路品质因数 $Q\approx12$。

d. 总补偿电容容量 Q_C：

$$Q_C=Q_{LH}=QP=12\times500\text{kW}=6000\text{kvar}$$

e. 总补偿电容值 C：

在 T_H 的二次侧全补偿，

$$C_2=\frac{Q_C}{2\pi f_0 V_C^2}=\frac{6000\text{kvar}}{6.28\times2500\ \frac{1}{\text{s}}\times500\text{V}^2}=1529\mu\text{F}$$

在 T_H 的二次侧全补偿，效率最高，应积极推荐。

图 4-7 所示为谐振槽路三种接线型式，其中 （a） 图串并联接线方式最佳——效率高，其频率跟踪电压信号宜在二次侧测取。（c） 图谐振槽路串并联接线原边有并联电容，在 a 形式启动困难时可采用此形式。

在 T_H 的一次侧全补偿，

$$C_1=\frac{Q_C}{2\pi f_0 V_C^2}=\frac{6000\text{kvar}}{6.28\times2500\ \frac{1}{\text{s}}\times750\text{V}^2}=679\mu\text{F}$$

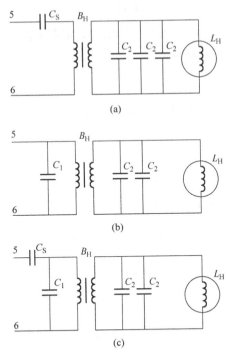

图 4-7 谐振槽路三种接线型式

在 T_H 的原边侧全补偿，启动性能最好，但效率最低，一般不推荐。

串并联电路 $C_1 - C_2 - C_S$ 的选择。

图 4-7 所示的谐振槽路三种接线型式中，（c）图为串并联接线形式，其串并联电容 $C_S - C_1 - C_2$ 的选择方法简述如下。

C_S 的选择方法：

C_S 使用电热电容的额定电压 V_n，要大于实际承受的电压 V_{CS}，容量 Q_n 保证额定电流 I_n 能大于实际流过的电流中频 I_a。

一次侧实际的中频电流 I_a：$I_a \approx 0.9I_D = 0.9 \times \dfrac{500\text{kW }(P)}{500\text{V }(V_D)} = 900\text{A}$。

电容 C_S 可选择：RFM0.5-1000/2.5S（254.7μF）一台。

电容 C_S 的实际电压 V_{CS}：$V_{CS} \approx \dfrac{I_a \cdot 10^6}{2\pi \cdot f_0 \cdot C_S} = \dfrac{900 \times 10^6}{6.28 \times 2500 \times 254.7} =$

226V

C_S 选择的 RFM 型电容 $V_n = 500\text{V}$，$I_n = 2000\text{A}$，符合要求。

$C_1 - C_2$ 的选择方法:

理论上 $C_1 - C_2$ 无论怎样配置均可,只要容量之和 $Q_{C1} + Q_{C2} = Q_C = Q_{LH} = 6000\text{kvar}$。

实际上必须考虑节电尽量提高效率 η,C_2 越大越好。

因此 $Q_{C2} = Q_C = Q_{LH} = 6000\text{kvar}$——配置方案最佳,即补偿电容全在 T_H 二次侧。

②计算 L_H 的有载电感量理论值 L_h'。

a. 在 T_H 的原边全补偿时,T_H 一、二次绕组的无功电流 i_1、i_2:

$$i_1 \approx i_{C1} = \frac{Q_{LH}}{750\text{V}} = \frac{6000\text{kvar}}{750\text{V}} \approx 8000\text{A}$$

$$i_2 \approx i_{LH} = \frac{Q_{LH}}{500\text{V}} = \frac{6000\text{kvar}}{500\text{V}} \approx 12000\text{A}$$

为减少 T_H 的无功电流,应尽可能减少原边补偿。中频变压器 T_H 的制作,要首先知道一、二次侧设置的补偿容量,以便正确选择铜管截面及水冷强度。

b. $[L_h' - L_{LH}]$ 的计算方法:

Ⅰ. 在 T_H 二次侧全补偿,L_H 有载电感量 L_h':

$$L_h' = \frac{10^{12}}{(2\pi f_0)^2 C_2} = \frac{10^{12}}{\left(6.28 \times 2500 \dfrac{1}{s}\right)^2 \times 1529 \dfrac{\text{A} \cdot \text{s}}{\text{V}}} = 2.65 \approx 2.7\mu\text{H}$$

空载电感 L_{LH}:

$$L_{LH} = \frac{L_h'}{K_T} = \frac{2.7\mu\text{H}}{0.7} = 3.9\mu\text{H}$$

Ⅱ. 在 T_H 一次侧全补偿,L_H 有载电感量:

$$L_{h原边}' = \frac{10^{12}}{(2\pi f_0)^2 C_1} = \frac{10^{12}}{\left(6.28 \times 2500 \dfrac{1}{s}\right)^2 \times 679 \dfrac{\text{A} \cdot \text{s}}{\text{V}}} = 5.9749\mu\text{H}$$

$L_{h原边}'$ 值是 $V_{LH} = 750\text{V}$ 时 L_H 电感量。但 L_H 设在二次侧,$V_{LH} = 500\text{V}$,则 $L_{h原边}'$ 再除以变比 K^2 才是 L_H 的实际电感量 L_h':

$$L_h' = \frac{L_{h原边}'}{K^2} = \frac{5.9749\mu\text{H}}{1.5^2} = 2.65 \approx 2.7\mu\text{H}$$

$L_h' = 2.7\mu\text{H}$,内中含中频变压器 T_H 的漏感 L_{TH},其值由于制作工艺

的随机性较强而难于提前掌握。工程师可在设计 L_H 时酌情考虑。

c. 当因启动困难而采用串并联电路时，推荐采用图 4-7（a）电路即

$$Q_C = Q_{C2}$$

C_S 不参加振荡故 C_S 的电容值不宜过大，否则，将影响启动性能。应在逆变桥输出 5—6 端子接旁路电抗器，更推荐在 C_S 两端并联旁路电抗器。

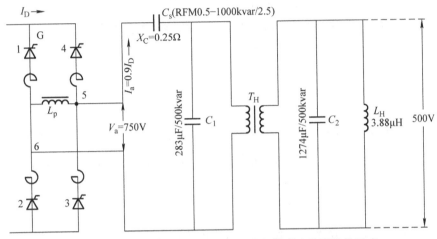

图 4-8　中频变压器 T_H 两侧补偿的谐振槽路串并联接线形式

图 4-8 所示为中频变压器 T_H 两侧均有补偿的谐振槽路串并联接线，在采用图 4-7（a）电路启动仍很困难时，可以采用此电路。

d. 本例是在中频变压器 T_H 二次侧配置 5000kvar 电容补偿，即感应器无功的 5—6 在二次侧补偿，其电流向量如图 4-9 所示。感应器 L_H 的全部无功 Q_{LH} 为 6000kVA 其无功电流 $I_{LH无}$ 为

$$I_{LH无} = \frac{Q_{LH}}{V_{LH}} = \frac{6000kvar}{500V} = 12000A$$

中频变压器 T_H 二次侧没有电容补偿时，流过二次绕组的无功电流 $I_{无2} = I_{LH无}$。

中频变压器 T_H 二次侧实现电容全补偿时，二次绕组无功电流 $I_{无2} = 0$，L_H 全部无功电流 $I_{LH无}$ 由电容 C_2 提供（补偿）；中变 T_H 功率因数 $\cos\phi = 1$。

本例为 $C_2 = 5000$kvar，补偿感应器 10000A 无功电流；剩余的 2000A

无功电流，由中频变压器 T_H 提供。则中变 T_H 二次绕组视在电流 I_{S2} 为

$$* I_{S2} = \sqrt{I_{无2}^2 + I_{有2}^2} = \sqrt{2000A^2 + 1000A^2} = 2236A$$

在无补偿时，槽路自然功率因数 $\cos\phi = \cos85° = 0.087$。而在二次侧补偿 5—6 无功后槽路功率因数提高到 $\cos\phi = \cos63° = 0.45 \rightarrow I_{S2} = 2236A$，大大减轻了中频变压器 T_H 的负担。

如果在中频变压器 T_H 一次侧全补偿——6000kvar 即电容全放在一次侧，则变压器将承担全部无功电流：

二次绕组无功电流：$I_{无2} = I_{LH无} = 12000A$；

二次绕组视在电流：$I_{S2} = \sqrt{I_{无2}^2 + I_{有2}^2} = \sqrt{12000A^2 + 1000A^2} = 12042A$；

一次绕组无功电流：$I_{无1} = \dfrac{I_{无2}}{K} = \dfrac{I_{无2}}{1.5} = \dfrac{12000A}{1.5} = 8000A$；

一次绕组视在电流：$I_{S1} = \dfrac{I_{S2}}{K} = \dfrac{I_{S2}}{1.5} = \dfrac{12042}{1.5} = 8028A$。

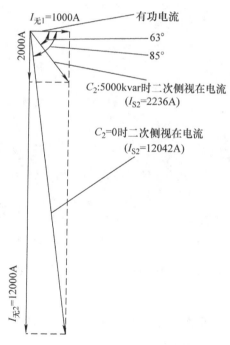

图 4 - 9 中频变压器 T_H 二次侧 5—6 补偿的二次电流向量

注：在一次侧进行无功补偿绕组电流与电容容量成反比本图只画出了一次电流向量

③软件计算匝数 N，如图 4 – 10 所示。

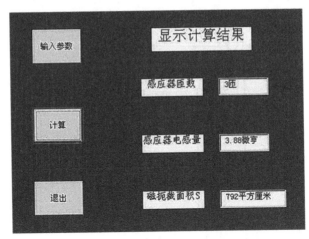

图 4 – 10　L_H 的匝数 N 软件计算之截图

软件计算的匝数 N 对应的电感值与上述计算的电感量 L'_h 和 L_{LH} 基本一致。

结合实际工艺，全面考虑，校核斟酌，确定匝数 $N=3$ 。

3. 感应器 L_H 的制作工艺要点

①为了制作安装方便和降低成本，3.2m 长的 L_H 分成 8 段（单元）绕制，首尾顺序并联。铜管的电流密度不大于 15A/mm^2 。

②为了消除端部效应的影响，感应器 L_H 两端匝数可适当加密。

③L_H 组装如图 4-13 所示，实际制作要考虑多种需要，电感值比软件计算值一般总会有适当的差异。每段单元线圈适当抽头，以便于现场调试。

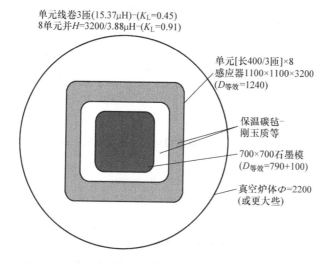

单元线卷3匝(15.37μH)-(K_L=0.45)
8单元并H=3200/3.88μH-(K_L=0.91)

单元[长400/3匝]×8
感应器1100×1100×3200
(D等效=1240)

保温碳毡-
刚玉质等

700×700石墨模
(D等效=790+100)

真空炉体Φ=2200
(或更大些)

图 4-11　感应器内的布置——截面示意（单位：mm）

④每段单元线圈匝数经计算：3 匝比较合理，8 单元并联总电感（空载）L_{LH} 用螺线管电感计算公式进行计算：

单元线圈选择 3 匝 8 并联 L_H 总电感：

$$L_{LH} = \frac{\pi^2 D^2 N^2}{H} K_L 10^{-3} = \frac{\pi^2 \times 124^2 \times 3^2}{320} \times 0.91 \times 10^{-3} = 3.88 \mu H$$

则有载电感 L_h'：

$$L_h' = K_T L_{LH} = 0.7 \times 3.88 \mu H = 2.72 \mu H$$

氩气罐体尺寸，要考虑加热体的挥发、放电等各种物理现象。有关参考尺寸看图 4-12。

4. 感应器 L_H 制作工艺要求

L_H 由 8 个单元线圈顺序并联而成。单元线圈方型截面尺寸为 1100mm×1100mm，等效直径 D等效+ =1240mm，每个单元长 400mm，电感值为 15.37μH。8 个单元线圈首尾顺序连接构成感应器 L_H。L_H 所有金属构件要消除"尖锐"，避免"尖端放电"。8 个单元线圈连接示意如图 4-13 所示。

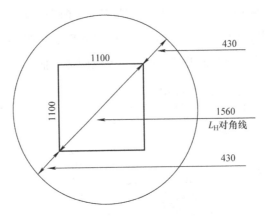

图 4-12　L_H 与罐体相对尺寸图（单位：mm）

KGPS-500kW/750V-2500Hz

八单元同心顺序并联电感计算修正系数(K=0.91)

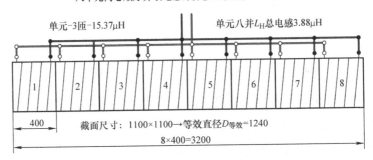

图 4-13　L_H 由 8 个单元线卷首尾顺序连接构成（单位：mm）

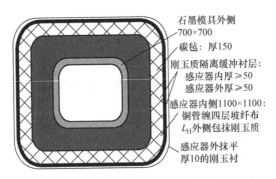

图 4-14　感应器装置剖面结构（单位：mm）

5. 校核

①依据手工计算值校核：

$$f_0 = \frac{10^6}{2\pi \sqrt{L_h' C_2}} = \frac{10^{12}}{6.28 \sqrt{2.7\mu H \times 1529\mu F}} = 2478Hz$$

②依据软件计算值校核：

L_H 为 3 匝时：

$$f_0 = \frac{10^6}{2\pi \sqrt{L_h' C^2}} = \frac{10^{12}}{6.28 \sqrt{2.72\mu H \times 1529\mu F}} = 2469Hz$$

校核结果，L_H 为 3 匝合理。特别注意，真空炉 L_H 属低阻抗型，当频率较高时尤为突出，其电感量甚至可能小于分布电感，使 V_{LH} 很低甚至远小于 V_a 故效率大大降低。

6. KGPS－500/2500Hz 并联型中频电源主要硬件配置

中频电源使用中变 T_H 时一般启动较困难，在设计时要考虑尽可能增强启动性能。本例逆变开关用 KA－1000A/1600V 四路并联，主要考虑 SCR－PN 结换向损耗与频率成正比遂多并减轻发热，及减少换流时间改善启动性能。KA 四路并联，触发一定要有功率扩展，否则易造成"局部热击穿"！主要器件推荐如下：

①主变：S＝500kVA，6 相 12 脉波，V_L＝380V。

②整流：KP－500A/1600V×12。

③续流：ZP－1000A/2000V×4。

④逆变：KA－1000A/1600V 四路并联共 16 支。

⑤电抗：铁芯直径 D＝200～250mm，N＝120 匝；共两台；铜管电流密度≤10A/mm²。

⑥L_K：4～5μH 线性，共 16 支。

⑦电容：(RFM0.5－1000－255μF/2500Hz)×5 支，即 1275μF——二次侧补偿 5000kvar。

(RFM0.75－1000－114μF/2500Hz)×1 支，即 144μF——一次侧补偿 1000kvar。

备用若干。

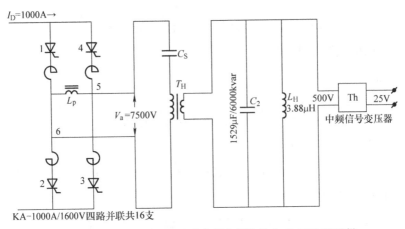

图 4 – 15　逆变触发频率跟踪中频电压信号在 T_H 二次侧采样

4.2　矩形长线卷槽路节能设计 1

项目：5000kW – 120 方钢透热。

1. 基本数据

①普钢方锭：$12cm^2 \times 400cm$，方锭等效直径 $D_{等效}$：

$$D_{等效} = 2\sqrt{\frac{12 \times 12}{\pi}} = 13.54cm \approx 14cm$$

方锭体积 $V_{根} = 12\ cm^2 \times 400cm = 57600\ cm^3$

方锭重量 $M_{根} = 0.0078kg/cm^3 \times 57600\ cm^3 = 449.28kg/根$

②加热节拍：449.28kg/120s。

③加热温度：1200℃。

④加热要求：心表温差≤25℃，加热时间 120s →L_H 长度不小于 16m 或 17m。

⑤热效率：$\eta \approx 75\%$。

2. 中频电源功率 P 的计算

①普钢平均比热：

固态比热＝0.16kcal/kg・℃

114

液态比热＝0.20kcal/kg・℃　　则：

平均比热＝(0.16＋0.20)/2＝0.182kcal/kg・℃

　　　　＝(0.182kcal/kg・℃)/(0.24cal/J) ＝758J/kg・℃

②449.28kg 方钢加热到 1200℃所需能量 Q：

$$Q＝(758J/kg・℃)×449.28kg×1200℃＝408665088J$$

③$P＝Q/T＝408665088J/120s＝3405542.4W＝3406kW$。

取效率 $\eta＝75\%$，则设备功率 $P＝3406kW/0.75＝4541kW→$确定为 5000kW。

3. 感应器 L_H 参数计算

基本数据：

①L_H 方形 23cm²，长度 $H＝1600cm$，等效内径 $D_{等效}＝26cm$；

②功率 $P＝5000kW$；

③频率 $f_0＝650Hz$；

④方锭卧式辊道连续运行节拍 120s/根；

⑤$V_D＝1200V$，$V_a＝1500V$，$I_a＝3750A$；

⑥L_H 电压＝3000V，自然功率因数 $\cos\phi≈0.12～0.13→tg\phi≈8$。

通过软件计算匝数 N，作为 16（17）m 长透热装置的设计参考，如图 4-16 所示。

①L_H 匝数 $N≈132$，空载电感量 $L_{LH}≈69\mu H→$ 有载电感量 $L'_h＝70\%L_{LH}≈48\mu H$。

②补偿电容的容量 Q_{Ctot} 与电容 C_{tot}：

$$Q_{Ctot}＝tg\phi P＝8×5000kW＝40000kvar_{/1500V-650Hz}$$

折合 1500V/650Hz 的电容 C_{tot} 为

$$C_{tot}＝\frac{Q_{Ctot}}{2\pi fV_a^2}＝\frac{4000kvar}{6.28×650\frac{1}{s}×1500V^2}＝4354\mu F$$

③$f_0＝\dfrac{10^6}{2\pi\sqrt{L'C}}＝\dfrac{10^6}{2\pi\sqrt{\left(\frac{48\mu H}{2}\right)×\left(\frac{4354\mu F}{2}\right)}}＝697Hz$

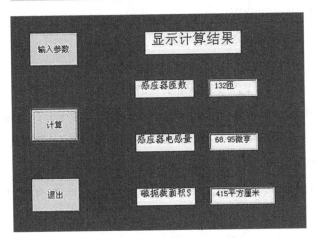

图 4 - 16　感应器匝数 N 计算软件截图

$f_0 = 697\text{Hz}$ 基本符合预计。设计制作感应器 L_H 时，宜适当设置"抽头"增加匝数 N。按图 4 - 17 所示参数时，振荡频率 f_0 为

$$f_0 = \frac{10^6}{2\pi \sqrt{L'C}} = \frac{10^6}{\pi \sqrt{\left(\dfrac{86\mu\text{H} \times 0.7}{2}\right) \times \left(\dfrac{4354\mu\text{F}}{2}\right)}} = 622\text{Hz}$$

4. 感应器 L_H 的制作工艺要求

①为了制作安装方便和降低成本，16（加上传动轮约 17）m 的 L_H 可分成 16 单元绕制，铜管的电流密度不大于 $20\text{A}/\text{mm}^2$。

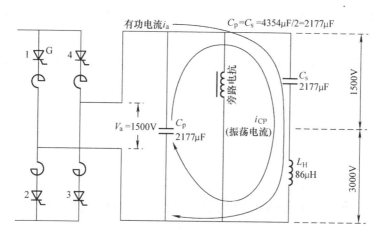

图 4-17 倍压槽路原理图

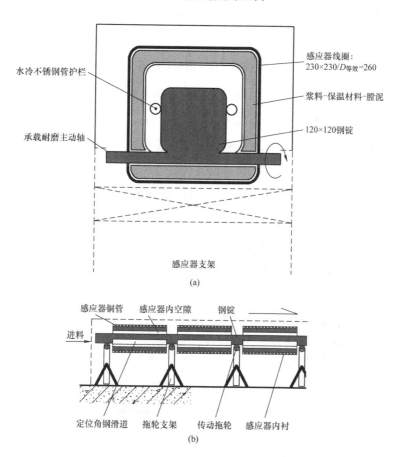

(a)

(b)

图 4-18 安装工艺参考

②为了减少钢锭"心-表"温差，实现更好地均温，L_H 的 16 段单元感应器按一定的匝数分配，连接组合为 6 个单元和 10 个单元并联，组装示意图如图 4-19 所示。前 6m 的 1~6 单元感应器匝数为 21 匝，构成强力加热区——低温区。为了提高均温效果，7~16 单元感应器作为均温加热区——高温区，长度近乎是强力加热区的 2 倍。

SI-5000kW/V_{LH}=3000V-600Hz $\quad V_L$=950V

【5000kW/600Hz的L_H：$D_{等效}$=260 $\quad$ 1m/每段.共16段-总电感86μH $\quad$ 感应器须适当设置抽头】

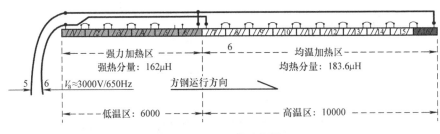

图 4-19 组装示意图

③按一定的组合方式和出口末端感应器匝数加密等——消除端部效应的影响。图 4-20 中，均温加热区加长到 10m，7~15 的 9 个单元感应器匝数为 17 匝，第 16 单元感应器为了进一步抵消端部效应的影响，将匝数增加到 25 匝。

④如图 4-21 L_H 组装图所示，实际电感值比软件计算值应大些。每段感应器适当抽头，以便现场调试。

5. 感应器组装计算方法

①不同加热区单元感应器参数，如图 4-20 所示。

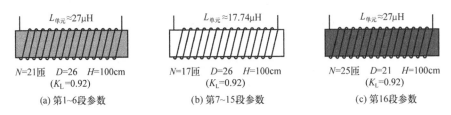

$L_{单元}$≈27μH $\qquad$ $L_{单元}$≈17.74μH $\qquad$ $L_{单元}$≈27μH

N=21匝 $\quad D$=26 $\quad H$=100cm $\qquad$ N=17匝 $\quad D$=26 $\quad H$=100cm $\qquad$ N=25匝 $\quad D$=21 $\quad H$=100cm
(K_L=0.92) $\qquad\qquad$ (K_L=0.92) $\qquad\qquad$ (K_L=0.92)

(a) 第1~6段参数 $\qquad$ (b) 第7~15段参数 $\qquad$ (c) 第16段参数

图 4-20 不同区段单元线圈参数

②各段感应器空载电感 $L_{单元}$ 串联后的电感量：

a. 强力加热区电感分量 $L_强$：六单元线圈串联构成 $L_强$ 总长 600cm，

其 $K_L = 0.95$，长 100cm 的单元线圈的修正系数 $K_L = 0.92$，二者的 K_L 近似相等。所以总电感 $L_强 \approx 6L_单元 = 162\mu H$，如图 4-21（a）所示。

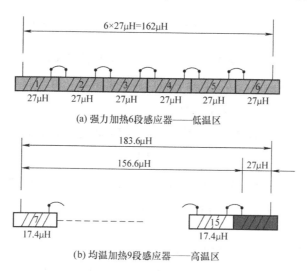

(a) 强力加热6段感应器——低温区

(b) 均温加热9段感应器——高温区

图 4-21 单元感应器串联组合

b. 均温加热区电感分量 $L_均$：9 段 $17.4\mu H$ 与 1 段 $27\mu H$ 串联，总值 $L_均 \approx 183.6\mu H$，如图 4-21（b）所示。

③$L_强$ 与 $L_均$ 并联后的总电感量 $L_总$：

首—尾 绕向顺序连接，如图 4-22（a）所示。

首—首 绕向反序连接。如图 4-22（b）所示。

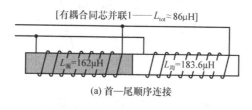

(a) 首—尾顺序连接

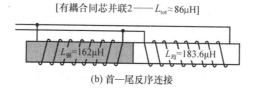

(b) 首—尾反序连接

图 4-22 同芯全耦的两种并联形式

这两种连接的电感量计算方法相同。L_H 多单元并联总空载电感 L_{LH} 仿效电阻并联的精确计算方法：

$$L_总 = \frac{L_1 L_2}{L_1 + L_2} \times \frac{K_{L总}}{K_{L单元}} \quad \Rightarrow \quad L_总 = \frac{L_强 L_均}{L_强 + L_均} \times K_{LP}$$

式中，L_1、L_2——L_H 的待并联线圈，由单元或多单元构成；

$\quad\quad K_{L总}$、$K_{L单元}$——L_H 的总电感计算修正系数、待并联线圈电感计算修正系数；

$\quad\quad K_{LP}$——K_L 的再补偿系数：并联后 L_H 的电感计算修正系数与各并联线圈电感计算修正系数之比。本例中 L_H 的 K_L 与并联的两区线圈 K_L 近似相等，故 $L_总$ 的计算可忽略 K_{LP}：

$$L_总 \approx \frac{L_强 L_均}{L_强 + L_均} = \frac{162\mu H \times 183.6\mu H}{162\mu H + 183.6\mu H} \approx 86\mu H$$

无耦合连接如图 4-23 所示。

这种连接形式本例不用。其电感量计算公式基本同上，但没有 K_L 的再补偿系数 K_{LP}：

$$L_总 \approx \frac{L_强 L_均}{L_强 + L_均} = \frac{162\mu H \times 163.6\mu H}{162\mu H + 183.6\mu H} = 86\mu H$$

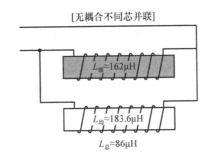

[无耦合不同芯并联]

$L_强 \approx 162\mu H$

$L_均 \approx 183.6\mu H$

$L_总 \approx 86\mu H$

图 4-23　感应器的无耦合并联电感

无耦合连接其电感量计算公式基本同上，但没有 K_L 的再补偿系数 K_{LP}：

$$L_总 \approx \frac{L_强 L_均}{L_强 + L_均} = \frac{162\mu H \times 163.6\mu H}{162\mu H + 183.6\mu H} = 86\mu H$$

④按实际制作组装的 L_H 总电感 $L_总$ 进行校核。空载总电感 $L_总 = 86\mu H$，则有载总电感有载电感量 $L_h' = 0.7 \times 86\mu H = 60\mu H$。槽路谐振频率 f_0 为：

$$f_0 = \frac{10^6}{2\pi\sqrt{L'_h C}} = \frac{10^6}{2\pi\sqrt{\left(\frac{60\mu H}{2}\right)\times\left(\frac{4354\mu F}{2}\right)}} = 623 Hz$$

实际槽路谐振频率 f_0 比理论值低 27Hz。基本符合要求。

6. 感应器 L_H 制作铜管的选择

（1）逆变器输出给谐振槽路的正弦基波电流 I_a

流过有效负载的正弦基波电流 I_a 为：

$$I_a = 0.9 I_D = 0.9\frac{P}{V_D} = \frac{0.9\times5000kW}{1200V} = 3750A$$

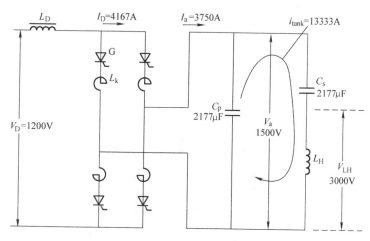

图 4-24 槽路振荡电流

（2）谐振槽路的振荡电流 I_{tank}

并联谐振槽路的振荡电流即补偿电流 I_{tank} 为

①理论值 $I_{tank标}$：即 C_P 的标称容量 Q_{CP} 与标称电压 $V_{C标}$ 的比值。此值作为初始设计的参考。

$$I_{tank标} \approx \frac{Q_{CP}}{V_{C标}} = \frac{\left(\dfrac{Q_{Ctot}}{2}\right)}{1500V} = \frac{20000kvar}{1500V} = 13333A$$

②实际值 $I_{tank实}$：即 C_p 的实际容量 $Q_{CP实}$ 与实际电压 $V_{C实}$ 的比值。此值为实际的振荡电流。

实际容量 $Q_{CP实}$ 与 $V_{C实}/V_{C标}$ 的平方成正比

$$Q_{CP实}=Q_{CP}\left(\frac{V_{C实}}{V_{C标}}\right)^2 \quad \rightarrow \quad I_{tank实}\approx\frac{Q_{CP实}}{V_{C实}}$$

（3）感应器 L_H 的电流 I_Z

$$I_Z=\sqrt{I_a^2+I_{tank}^2}=\sqrt{3750^2+13333^2}=\sqrt{14062500+177768889}=13850\text{A}$$

感应器 L_H 的电流 I_Z 分两路给并联的感应器——低温区感应器和高温区感应器。低温区感应器电流大一些。我们在选择铜管时，可按两路电流相等计算电流密度 $I_密$。一般水冷铜管 $I_密\leqslant20\text{A}/\text{mm}^2$。每路感应器铜管截面积为 $S_铜$。

$$I_密=\frac{\left(\dfrac{I_Z}{2}\right)}{S_铜} \quad \rightarrow \quad S_铜=\frac{\left(\dfrac{I_Z}{2}\right)}{I_密}=\frac{\left(\dfrac{13850\text{A}}{2}\right)}{\left(\dfrac{20\text{A}}{\text{mm}^2}\right)}=346\text{mm}^2$$

可选择 $25\text{mm}\times25\text{mm}/4\text{mm}$ 的方铜管或 $20\text{mm}\times40\text{mm}/4\text{mm}$ 方扁铜管，其截面 $S_铜\geqslant400\text{mm}^2$。

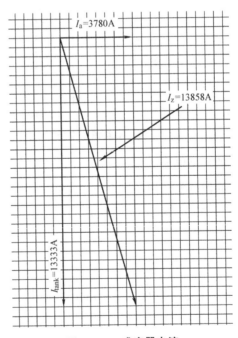

图 4−25　感应器电流

7. 旁路电抗器匝数 N 的估算

①由于半导体元器件参数的分散性等原因，逆变桥两臂晶闸管的导通

时间不可能相同，这就造成振荡电容某端正电荷积累。倍压振荡槽路的 C_s "隔断"了正电荷泄放的直流通路，使正电荷积累产生直流偏压 V^-。当直流偏压 V^- 随着正电荷的积累升高到一定值时，会引起逆变颠覆，如图 4-26 (a) 所示。如果不采取措施泄放掉积累的电荷，逆变器无法正常工作。

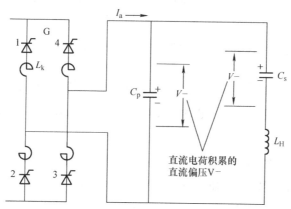

1-3 臂导通时间大于 2-4 臂导通时间 C_p-C_s 产生了直流偏压

(a)

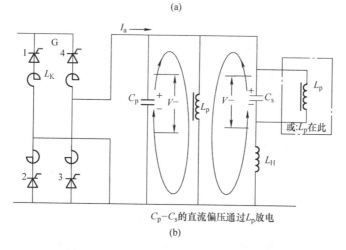

C_p-C_s 的直流偏压通过 L_p 放电

(b)

图 4-26 C_p-C_s 直流偏压的产生与消除

②为了消除正电荷积累，最简单可靠可行的方法，是在槽路设置"旁路电抗 L_p"，如图 4-26 (b) 所示。L_p 给了电荷泄放的直流通路，对中频电压却有很高的感抗，具有"旁路直流电流-阻止中频电流"的功能。

③旁路电抗 L_p 电感量 L_{LP} 的计算。

a. 首先确定电感量 L_{LP} 的数值。L_{LP} 的电感量与中频电源功率 P、频率 f_0、V_{CP} 或 V_{CS}、旁路电抗 L_p 流过的中频电流 I_{LP} 等有关；也要考虑制作成本等。

I_{LP} 的选择原则：制作的旁路电抗 L_p，既要保证迅速可靠的旁路直流电荷，又要有好的机械强度和较低的成本。一般 2000kW 左右的中频电源 $I_{LP} = 5A$ 即可。

已知 V_{CP}（V_{CS}）和 I_{LP}，即可求出旁路电抗 L_p 的 L_{LP}

$$X_{LP} \approx \frac{V_{CP}}{I_{LP}} \quad \rightarrow \quad L_{LP} \approx \frac{X_{CP}}{2\pi f_0} \quad \rightarrow \quad L_{LP} \approx \frac{V_{CP}}{2\pi f_0 I_{LP}}$$

b. 旁路电抗 L_p 的铁芯的截面积 S_{LP} 在 1000kW～3000kW 中频电源中可取 100cm^2。

c. 铁芯-磁轭间隙 L_b 取 0.5cm（5mm）。

d. 旁路电抗 L_p 的匝数 N 为：

$$N = \sqrt{\frac{L_D L_b}{K_{LD} \mu_0 S}}$$

式中，L_D（L_{LP}）——有间隙 L_b 的电抗器电感；

$\quad\quad \mu_0$——间隙绝缘垫板的磁导率，取 1.256×10^{-8}；

$\quad\quad N$——线圈匝数；

$\quad\quad S$——铁芯截面；

$\quad\quad L_b$——铁芯间隙。

$\quad\quad K_{LD}$——修正系数，L_b 越小、漏磁通越多、铁芯 μ_r 越大及直流 I_D 越大 $\rightarrow K_{LD}$ 值越大 $\rightarrow$ 经验数据为 $K_{LD} = 0.3 \sim 0.5$。

④旁路电抗 L_p 的匝数 N 计算举例。

KGPS-2000kW/400Hz 中频电源，$V_L = 9500V$，$V_D = 1200V$，振荡槽路倍压接线，中频电压 $V_a = V_{CP} = V_{CS} = 1500V$。计算旁路电抗器 L_p 的匝数 N。

a. 计算 L_{LP}：

$$L_{LP} \approx \frac{V_{CP}}{2\pi f_0 I_{LP}} = \frac{1500V}{2\pi \times 650 \frac{1}{s} \times 8A} = 46\text{mH}$$

b. 旁路电抗 L_p 的铁芯截面积 $S_{LP} = 270cm^2$。

c. 铁芯-磁轭间隙 $L_b = 0.5cm$。

d. $N = \sqrt{\dfrac{L_D L_b}{K_{LD}\mu_0 S_{LP}}} = \sqrt{\dfrac{0.046H \times 0.5cm}{0.5 \times 1.256\dfrac{H}{cm} \times 10^{-8} \times 270\ mm^2}} = 117$ 匝

e. 铁芯截面 S_{LP} 的校核——计算铁芯磁感应强度 B_m。B_m 太大则铁芯发热严重，太小则成本增加。通过校核选择合理的铁芯截面 S_{LP}。一般 $f_0 = 1000Hz$ 时，B 值可取 2000GS（$B_m = \sqrt{2}B = 2828GS$）。f_0 越高则 B 值选择应越小，f_0 越低则 B 值选择应越大。当然，B 值大小的选择，也与铁芯硅钢片的硅含量有密切关系。

$$B_m = \frac{V_a}{4.44 f_0 N S_{LP} 10^{-8}} = \frac{1500V \times 10^8}{4.44 \times 400\dfrac{1}{s} \times 309 \times 100cm^2} = 2733GS$$

$$B_m = 2733GS \rightarrow B = \frac{B_m}{\sqrt{2}} = \frac{2733GS}{\sqrt{2}} = 1933GS。$$

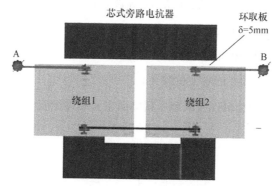

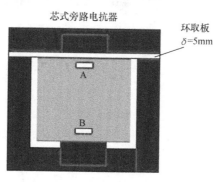

图 4-27 L_p 的两种结构

只要铁芯磁感应强度合理，那么一般的硅钢片不会过热。

在工厂，旁路电抗 L_p 可做成厂标产品，中频电源功率较大时 L_p 可并联使用；中频电源 V_a 较高时可串联使用，等等。如此灵活搭配，可减少备份，降低成本。

f. 旁路电抗 L_p 的制作工艺要求：

Ⅰ. 因是自然冷却，L_p 线圈铜导线电流密度不大于 $0.5A/mm^2$。

Ⅱ. 铜导线有良好的缠包绝缘——绝缘好、耐压高、机械强度好。

Ⅲ. 线圈层间置"绝缘扦"，以便空气对流冷却。

Ⅳ. 防潮防水。

Ⅴ. L_p 的结构有"芯式"与"壳式"，推荐使用"芯式"。因为"芯式"可使绕组承受电压减少一半。

7. KGPS - 5000/650Hz 并联型中频电源主要硬件配置

加热节拍：449.28kg/120s 时，具体配置为

①主变：$S=6000kVA$，6 相 12 脉波，$V_L=1000V$。（该例采用主变：$S=5000kVA$，6 相 12 脉波，$V_L=950V$）。

②整流：KP - 2000A/3500V×12。

③续流：ZP - 3000A/3500V×4。

KGPS - 5000/650Hz 并联型中频电源主要硬件配置，如图 4 - 28 所示。

注："LH 电感量 L_{LH}" 为槽路振荡电感，含分布电感 $L_{分布} = 10\mu H$。

"LH 匝数 N" = 130，其电感值 = $L_{LH} - L_{分布} = 78.70\mu H - 10\mu H = 68.70\mu H$。

图 4-28　李树信倍压槽路计算软件截图

④逆变：KK-2000A/2500V 两路串联，四路并联共 32 支。

⑤电抗：铁芯直径 $D = 330$，$N = 120$ 匝；共两台。

⑥LK：$10\sim11\mu H$ 线性，共 16 支。

⑦电容：RFM1.5-2000/600Hz×20 台（总 $4354\mu F$）。

4.3　矩形长线卷槽路节能设计 2

项目：8000kW/0.6-100 方钢透热：

1. 基本数据

①普钢方锭：10cm×10cm×280cm；

每根体积 $V_根 = 28000cm^3$；

127

每根重 $M_{根} = V_{根} \cdot \rho = 28000\text{cm}^3 \times 0.0078\,\dfrac{\text{kg}}{\text{cm}^3} = 218.4\text{kg/根}$。

②加热温度：$0 \rightarrow 1150℃$。

③加热要求：首尾及心表温差不大于 $25℃$ ，加热时间 $T_{JR} \approx 300\text{s}$ 。

④设备总效率 η 取 75% 。

⑤功率 $P = 8000\text{kW}$——接线组别 $D/d0 - yn_{11}$，变比 $10\text{kV} - 1\text{kV} - 1\text{kV}$。

⑥用户要求：充分利用现有功率（8000kW），尽可能缩短生产节拍提高生产率。

⑦中频电压 $V_a = 1700\text{V}/600\text{Hz}$，槽路倍压系数 $Y = 2$——$V_{LH} = 3400\text{V}$。

2. 按功率计算生产节拍

①普钢平均比热容：

固态比热容 $= 0.16\text{kcal/kg} \cdot ℃$ ；

液态比热容 $= 0.20\text{kcal/kg} \cdot ℃$ ，则：

平均比热容 $= (0.16 + 0.20)/2 = 0.182\text{kcal/kg} \cdot ℃$

$\qquad\qquad\quad = (0.182\,\text{千卡/kg} \cdot ℃)/(0.24\text{cal/J}) = 758\text{J/kg} \cdot ℃$

② "$M = 218.4\text{kg/根方钢}$" 加热到 $1150℃$ 所需能量 Q_t：

$$Q_t = (758\text{J/kg} \cdot ℃) \times 218.4\text{kg} \times 1150℃ = 190379280\text{J}$$

③生产节拍：$T_{JP} = T/根_{2.8m} = \dfrac{Q_t}{P} = \dfrac{190379280\text{J}}{8000\text{K}\dfrac{\text{J}}{\text{s}}} = 23.8\text{s/根}_{2.8m}$

实际节拍：$T_{JP} = T/根_{2.8m} = \dfrac{Q_t}{\eta P} = \dfrac{190379280\text{J}}{0.75 \times 8000\text{K}\dfrac{\text{J}}{\text{s}}} = 31.8\text{s/根}_{2.8m}$

3. 感应器 L_{II} 参数计算

（1）基本数据

①方型 L_H 尺寸（cm）$= 18 \times 18 \times 3000$，或 $D_{等效} = 2\sqrt{\dfrac{18\text{cm}^2}{\pi}} = 20.4\text{cm}$。

坩埚模等效直径 $D_{等效} = 11.3$。

②功率 $P = 8000\text{kW}$，频率 $f_K = 600\text{Hz}$。

③供料方式和 L_H 长度 H：

a. 供料方式为方锭卧式拖轮连续运送；加热时间 $T_{JR} = 300\text{s}$。

b. $H = \dfrac{T_{JR}}{T_{JP}} = \dfrac{300\mathrm{s}}{\left(\dfrac{31.8\mathrm{s}}{2.8\mathrm{m}}\right)} = 9.434 \times 2.8\mathrm{m} = 26.4\mathrm{m}$（取 28m）。

④L_H 电压 $=3400\mathrm{V}$，槽路二倍压接线，$C_P = C_S$，如前面的图 3-13 所示。

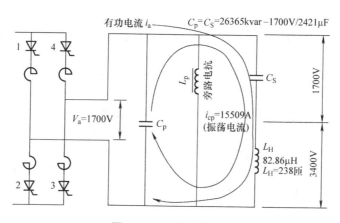

图 4-29 2 倍压槽路

⑤自然功率因数 $\cos\phi \approx 0.15 \rightarrow$ 槽路品质因数 $Q = \mathrm{tg}\phi \approx 6.6$。

⑥补偿电容容量 Q_C：

$$Q_C = QP = 6.6 \times 8000\mathrm{kW} = 52730\mathrm{kvar}$$

总补偿电容值 C：

$$C = \frac{Q_C}{2\pi f_0 V_C^2} = \frac{52730000\mathrm{var}}{6.28 \times 600\,\dfrac{1}{\mathrm{s}} \times 1700\mathrm{V}^2} = 4842\mu\mathrm{F}$$

$$C_P = C_S = 0.5C \approx 2421\mu\mathrm{F}$$

⑦为了便于选择铜管，应该计算出感应器 L_H 流过的电流 i_{LH}。i_{LH} 数值等于 i_a 与 i_{cp} 的相量和，在 Q 值较大时，可近似为 $\dot{I}_{LH} \approx \dot{I}_{CP}$：

$$\dot{I}_{LH} = \dot{I}_a + \dot{I}_{CP} \approx \dot{I}_{CP}$$

本例中 $\dot{I}_{CP}$ 为

$$\dot{I}_{CP} = \frac{Q_{C_P}}{V_a} = \frac{26365\mathrm{kvar}}{1700\mathrm{V}} = 15509\mathrm{A}$$

$H = 28\mathrm{m}$，构成型式是"两段并联"；两段阻抗略有不同，流过的电流也会略有不同。为了简化设计，两段均可各按 $\dot{I}_{CP}/2 = 15509\mathrm{A}/2 =$

7755A 来选择铜管。

（2）计算匝数 N

①软件计算匝数 N，如图 4 - 30 所示。

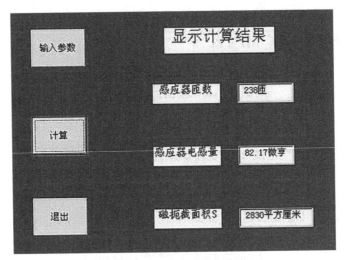

图 4 - 30　感应器匝数 N 计算软件截图

②人工计算匝数 N。

a. 升压支路有载"等效电感 L_h'"：

$$L_h' = \frac{10^{12}}{(2\pi f_0)^2 C_P} = \frac{10^{12}}{(6.28 \times 600)^2 \times 2421}$$

$$= \frac{10^{12}}{14197824 \times 2421} = 29\mu H$$

b. L_{LH} 本器电感：

$$L_{LH} = \frac{Y L_h'}{K_T} = \frac{2 \times 29}{0.7} = 82.86 Hz$$

c. L_{LH} 本器匝数 N：

$$N = \sqrt{\frac{L_{LH}(45D + 102H)}{D^2}}$$

$$= \sqrt{\frac{82.86 \times (45 \times 20.4 + 102 \times 2800)}{20.4^2}} = 238 \text{ 匝}$$

d. 槽路振荡频率 f_0：

$$f_0 = \frac{10^6}{2\pi \sqrt{L_h' C_P}} = \frac{10^6}{2\pi \sqrt{29\mu H \times 2421\mu F}} = 600.96 Hz$$

4. 感应器 L_H 的制作工艺要求

①为了制作安装方便和降低成本，28m 长的 L_H 分成 28 段（单元）绕制。铜管的电流密度不大于 $20A/mm^2$。

②为了减少钢锭"心-表"温差，实现更好地均温，L_H 的 28 段按一定匝数分配，连接组合为"13 段—15 段并联"；并联形式有两种，如图 4-31 所示。

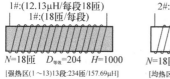
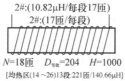
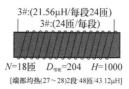

1#:(12.13μH/每段18匝)
1#:(18匝/每段)
$N=18$匝　$D_{等级}=204$　$H=1000$
[强热区(1~13)13段:234匝/157.69μH]

2#:(10.82μH/每段17匝)
2#:(17匝/每段)
$N=18$匝　$D_{等级}=204$　$H=1000$
[均热区(14~26)13段:221匝/140.66μH]

3#:(21.56μH/每段24匝)
3#:(24匝/每段)
$N=18$匝　$D_{等级}=204$　$H=1000$
[端部均热(27~28)2段:48匝/43.12μH]

图 4-31 单元线圈图示

③为了消除端部效应的影响，采取一定的组合方式及出口端感应器匝数加密等措施。参阅 L_H 组装图。

④L_H 组装如后面的图 4-35 所示，实际电感值比软件计算值略有差异。每段感应器适当抽头，以便现场调试。

⑤各段线圈全耦合顺序组装后，其电感值，可按"电阻并联计算法"进行计算，误差很小，不会影响工程设计精度。

⑥单元线圈的绕制：

$$* L_{1\#} = \frac{D^2 N^2}{45D + 102H} = \frac{20.4^2 \times 18^2}{45 \times 20.4 + 102 \times 100} = 12.13 \mu H$$

$$* L_{2\#} = \frac{D^2 N^2}{45D + 102H} = \frac{20.4^2 \times 17^2}{45 \times 20.4 + 102 \times 100} = 10.82 \mu H$$

$$* L_{2\#} = \frac{D^2 N^2}{45D + 102H} = \frac{20.4^2 \times 24^2}{45 \times 20.4 + 102 \times 100} = 21.56 \mu H$$

⑦单元感应器串联后的电感量：

a. 强力加热区电感 $L_{强}$：13 个 1# 单元串联，其 $L_{强} = 157.69 \mu H$。如图 4 - 32（a）所示。

b. 均温加热区电感 $L_{均}$：13 个 2# 单元"及 2 个 3# 单元"串联，其 $L_{均} = 183.78 \mu H$。

如图 4 - 32（b）所示。

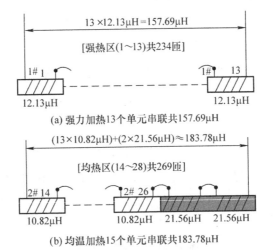

(a) 强力加热13个单元串联共157.69μH

(b) 均温加热15个单元串联共183.78μH

图 4 - 32　单元线卷的连接与组合

⑧ $L_{强}$ 与 $L_{均}$ 并联后的电感量 $L_{总}$：

首—尾 顺序连接，如图 4 - 33（a）所示。

首—首 反序连接，如图 4 - 33（b）所示。

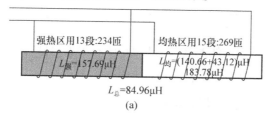

两区线卷:同芯耦合－首尾顺序并连

强热区用13段:234匝　　均热区用15段:269匝

$L_{强}=157.69\mu H$　　$L_{均}=(140.66+43.12)\mu H$　$183.78\mu H$

$L_{总}=84.96\mu H$

(a)

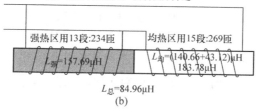

两区线卷:同芯耦合－首首反序并连

强热区用13段:234匝　　均热区用15段:269匝

$L_{强}=157.69\mu H$　　$L_{均}=(140.66+43.12)\mu H$　$183.78\mu H$

$L_{总}=84.96\mu H$

(b)

图 4－33　感应器两区线卷的并联形式

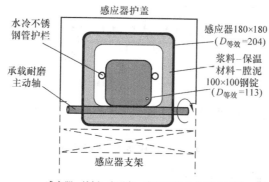

感应器护盖

水冷不锈钢管护栏

承载耐磨主动轴

感应器180×180
（$D_{等效}=204$）

浆料－保温材料－腔泥
100×100钢锭
（$D_{等效}=113$）

感应器支架

感应器－炉衬－主动轴－方钢等部件位置示意图

(a)

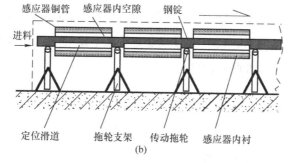

感应器铜管　感应器内空隙　钢锭

进料

定位滑道　拖轮支架　传动拖轮　感应器内衬

(b)

图 4－34　方钢推进安装工艺参考

这两种连接的电感量计算方法相同：

$$L_{总} = \frac{L_{强} \, L_{均}}{L_{强} + L_{均}} \times \frac{K_{L总}}{K_{L单元}} \quad \Rightarrow \quad L_{总} = \frac{L_{强} \, L_{均}}{L_{强} + L_{均}} \times K_{LP}$$

式中，K_{LP}——感应器线圈并联后与 D/H 有关的电感修正系数；

$\quad\quad\quad K_{L单元}$——单元线圈长度修正系数；

$\quad\quad\quad K_{L总}$——L_H 总长修正系数。

本例中 $L_{强}$ 与 $L_{均}$ 并联电感 $L_{总}$ 的计算，可忽略 K_{LP}。则有

$$L_{总} \approx \frac{L_{强} \, L_{均}}{L_{强} + L_{均}} = \frac{157.69\mu H \times 183.78\mu H}{157.69\mu H + 183.78\mu H} = 84.96\mu H$$

$L_{强}$ 与 $L_{均}$ 并联后的电感量 $L_{总}$ 基本与软件计算值相符。更合理的电感量还要经过"制作""调试"两关斟酌适配，之后再最终确定。

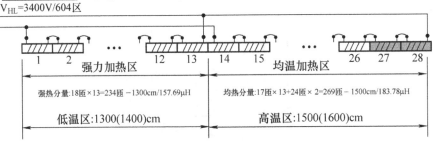

图 4-35　感应器 L_H 组装示意图

5. 感应器组装计算方法：

（1）不同加热区各段感应器的电感

如图 4-35 所示：1~13 段线卷参数及串接后电感为 $157.69\mu H$。

如图 4-35 所示：14~28 段线卷参数及串接后电感为 $183.78\mu H$。

（2）$L_{强}$ 与 $L_{均}$ 并联后的电感量 $L_{总}$

$$L_{总} = \frac{L_{强} \, L_{均}}{L_{强} + L_{均}} \times \frac{K_{L总}}{K_{L单元}} \quad \Rightarrow \quad L_{总} = \frac{L_{强} \, L_{均}}{L_{强} + L_{均}} \times K_{LP}$$

式中，K_{LP}——感应器（L_H）单元线圈并联后总长度的电感修正系数，一般小于 1.2；

$\quad\quad\quad K_{L单元}$——单元线圈长度修正系数；

$K_{L总}$——L_H 总长修正系数。

本例 $L_强$ 与 $L_均$ 并联电感 $L_总$ 的计算，可忽略 K_{LP}。则有

$$L_总 \approx \frac{L_强 \, L_均}{L_强 + L_均} = \frac{157.69\mu H \times 183.78\mu H}{157.69\mu H + 183.78\mu H} = 84.96\mu H$$

$L_强$ 与 $L_均$ 并联后的电感量 $L_总$ 基本与软件计算值相符。更合理的电感量还要经过"制作""调试"两关斟酌适配，之后最终确定。

小结：对于钢材透热中频电源设计，要重点掌握以下几点：

①生产率决定"透热节拍"时间 T_{JP}，"中频电源功率"保证实现 T_{JP}。

②感应器型式等确定后，加热时间 T_{JR} 决定了透热金属芯——表温差。比如 200mm×200mm×3000mm 钢锭锻造透热，生产率决定"透热节拍"时间为 $T_{JP}=60s$。

加热时间 $T_{JR}=600s$。若加热时间 $T_{JR}=120s$，芯表温差会大大增加而影响钢锭锻压质量。

③采取措施抵消"端部效应"。

④钢铁类透热材料，会产生大量的"氧化皮"；感应器设计要考虑清除氧化皮的问题。

6. KGPS‑8000/600Hz 并联型中频电源主要硬件配置：

①主变：$S=8000KVA$（强冷），6 相 12 脉波，$V_L=1000V$。

②整流：KP‑3000A/3700V×12。

③续流：ZP‑3000A/3700V×4。

④逆变：KK‑3000A/2500V 两路串联，四路并联共 32 支。

⑤电抗：铁芯直径 $D=330$，$N=120$ 匝；共两台；铜管电流密度 ≤10A/mm²。

⑥L_K：10～11μH 线性，共 16 支。

⑦电容：可选购（RFM1.7‑2000/600Hz）×27 支，即 4967μF。

KGPS‑8000/600Hz 中频电源主要硬件配置如图 4‑36 所示。

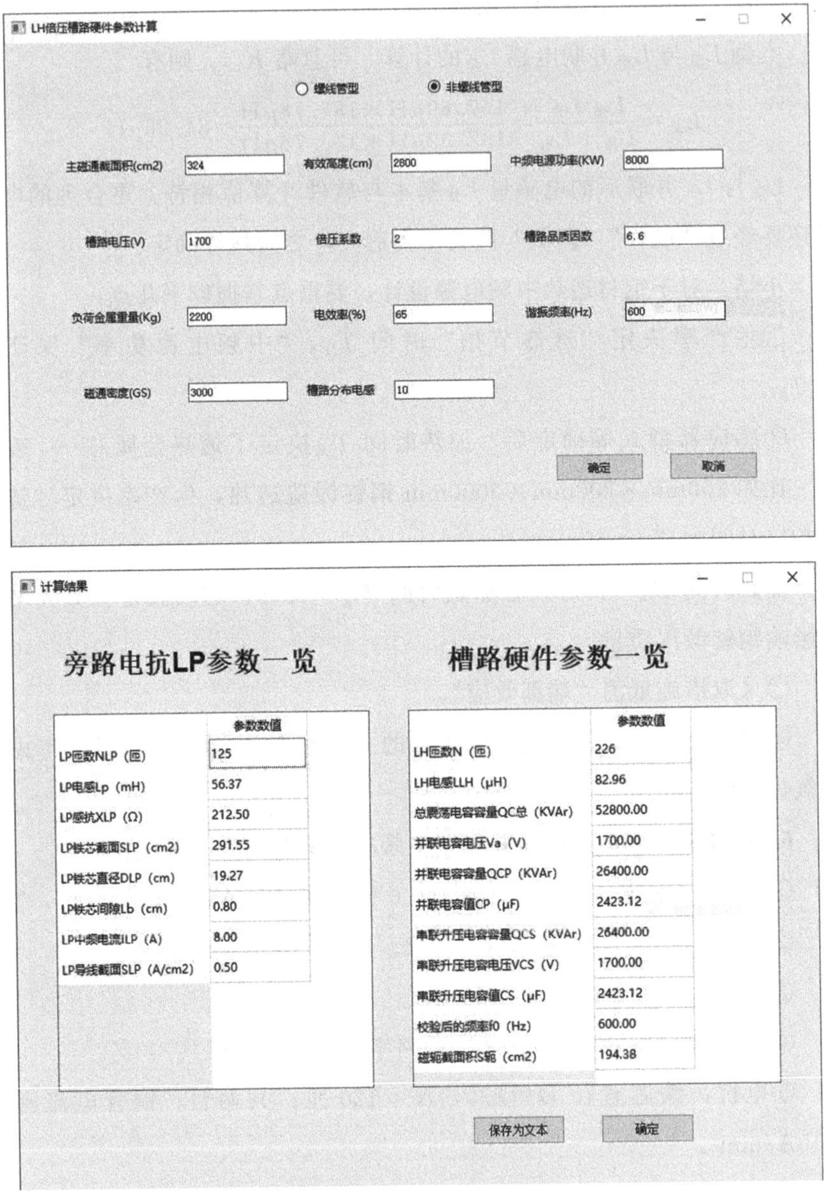

注："LH 电感量 L_{LH}" 为槽路振荡电感，含分布电感 $L_{分布} = 10\mu H$。

"LH 匝数 N" = 226 匝，其电感值 = $L_{LH} - L_{分布} = 82.96\mu H - 10\mu H = 72.96\mu H$。

图 4-36 李澍信倍压槽路计算软件截图

4.4　小截面钢带［矩形长线卷］槽路节能设计

举例 1：16mm×100mm×1500mm 扁钢/［矩形 L_H］透热槽路的计算。

1. 基本数据

①扁钢尺型：16mm×100mm×1500mm，每根重量 $M=19.2$kg/根（$\rho=0.0078$kg/cm³）；

②加热节拍：19.2kg/60s；

③加热温度：1100℃；

④加热要求：心表温差＝5℃，加热时间 180s（L_H 长 5m）；

⑤电效率 η：70%；

⑥$f_0=5000$Hz；

⑦L_H 长度 $H=5000$mm，截面尺寸：56mm×140mm；

⑧$V_L=380$V，$V_D=500$V；

⑨$V_a=750$V，$Y=2$，即 $V_{LH}=1500$V；

⑩振荡主电路如图 4-37（a）所示。

2. 中频电源功率 P 计算

①普钢平均比热容：

固比＝0.16kcal/kg・℃，液比＝0.20kcal/kg・℃，则：

均比＝(0.16＋0.20)/2＝0.182kcal/kg・℃

　　＝(0.182kcal/kg・℃)/(0.24cal/J)＝758J/kg・℃

②19.2kg 方钢加热到 1100℃ 所需能量 Q：

$$Q=(758\text{J/kg}・℃)×19.2\text{kg}×1100℃=16008960\text{J}$$

③加热节拍为［19.2kg/60s］时所需理论功率：

$$P=Q/T=16008960\text{J}/60\text{s}=266816\text{W}≈267\text{kW}。$$

④电效率 $\eta=70\%$ 时，实需功率 P_E：

$$P_E=267\text{kW}/0.70=361\text{kW}（确定为 360\text{kW}）。$$

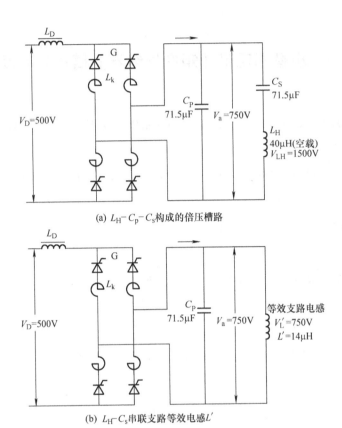

(a) L_H-C_p-C_s构成的倍压槽路

(b) L_H-C_s串联支路等效电感L'

图 4-37 并联型中频电源的倍压槽路

3. 透热吨耗 Q_T

$$Q_T = \frac{TQ}{\eta G} = \frac{1000\text{kg} \times 16008960\text{J}}{0.7 \times 19.2\text{kg}} = 331\text{kWh}$$

4. 槽路 L_H-C 的参数计算:

(1) L_H-C 槽路硬件参数的理论值——手工计算

①基本数据:

a. L_H 长度 $H = 5000\text{mm}$, 截面尺寸:$56\text{mm} \times 140\text{mm}$,

L_H 等效直径 D_1:$D_1 = 2\sqrt{\dfrac{14 \times 5.6}{\pi}} = 10\text{cm}$,

等效坩埚直径 D_2:$D_2 = 2\sqrt{\dfrac{1.6 \times 10}{\pi}} = 4.5\text{cm}$ → 因有扁钢滑道等遂取

$D_2 = 6$;

138

b. 功率 $P=360\mathrm{kW}$，频率 $f_0=5000\mathrm{Hz}$；

c. 扁钢平放、双轨推滑、连续运行、节拍 60s/根；

d. 槽路 Q 值取 7，$V_{\mathrm{LH}}=2\times750\mathrm{V}=1500\mathrm{V}$。

②补偿电容的容量 Q_{C} 和电容值 C：

$$Q_{\mathrm{C/0.75-5}}=7\times360\mathrm{kW}=2520\mathrm{kvar}_{(750\mathrm{V}-5000\mathrm{Hz})}\rightarrow C=143\mu\mathrm{F}$$

③L_{H} 的空载电感 L_{LH}，如图 4-37（b）所示。

a. 串联支路等效有载电感 L'：

$$L=\frac{10^{12}}{(2\pi f_0)^2 C}=\frac{10^{12}}{\left(6.28\times5000\frac{1}{\mathrm{s}}\right)^2\times\frac{143}{2}\mu\mathrm{F}}\approx14\mu\mathrm{H}$$

b. L_{H} 的空载电感 L_{LH}：

$$L_{\mathrm{LH}}=\frac{2L'}{0.7}=\frac{2\times14\mu\mathrm{H}}{0.7}=40\mu\mathrm{H}$$

④感应器 L_{H} 的制作工艺如图 4-38 所示。

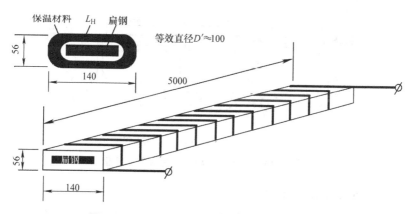

图 4-38 感应器制作工艺示意（单位：mm）

a. 感应器具体制作，根据工艺的需要，匝数 N 可少许酌情增减。感应器的五段连接示意图如图 4-39 所示，感应器加热扁钢推进装置示意图如图 4-40 所示。

b. 考虑到制作工艺和安装保温衬材的需要，感应器内部空间尺寸可适当增大。

c. 软件计算 L_{H} 匝数 N 时，输入的参数 D_1 与 D_2，为等效直径——即等效直径感应器的圆形截面与感应器的实际矩形截面相等。

等效直径 D_1：$D_1 = 2\sqrt{\dfrac{14 \times 5.6}{\pi}} = 10\text{cm}$

$D_2 = 2\sqrt{\dfrac{1.6 \times 10}{\pi}} = 4.5\text{cm}$，考虑到扁钢滑道等因素取，$D_2 = 6$。

$L_{\text{LH}} = \dfrac{\pi^2 D_1^2 N^2}{500} K_{\text{L}} 10^{-3} = \dfrac{9.87 \times 10^2 \times 140^2}{500} \times 0.95 \times 10^{-3} = 36.76\mu\text{H}$。

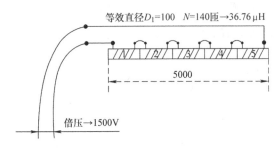

图 4-39　感应器五段连接示意图

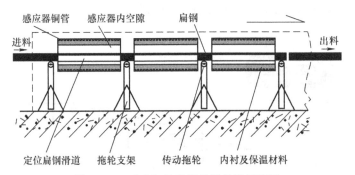

图 4-40　感应加热扁钢推进装置示意图

2. 软件计算 L_H 匝数 N

软件计算截图如图 4-41 和图 4-42 所示。软件计算的匝数值及电感值 L_{LH} 基本符合上述 $L_\text{H}-C$ 槽路硬件参数的理论值。感应器的匝数 N 基本可选择在 142 匝。

举例 2：80mm×6mm 扁钢用 ［螺线管型 L_H］ 的倍压槽路计算

1. 基本数据

①扁钢带：80mm×6mm×1000mm/（每段 489cm³ ×0.0078kg/cm³ ＝ 3.744kg），加热到 1100℃（密度 $\rho = 0.0078\text{kg/cm}^3$）；

②加热节拍：3.744kg/15s，加热时间 ≈60s →L_H 长度 5m；

③加热温度：1100℃；

④加热要求：心表温差不大于 5℃；

⑤热效率 η：$\approx 65\%$；

⑥L_H：采用螺线管形，内径 $D_{LH}=16\text{cm}$，$H=400\text{cm}$；

⑦$V_L=380\text{V}$，$V_a=750\text{V}$；

⑧$Y=2$，$V_{LH}=1500\text{V}/5000\text{Hz}$。

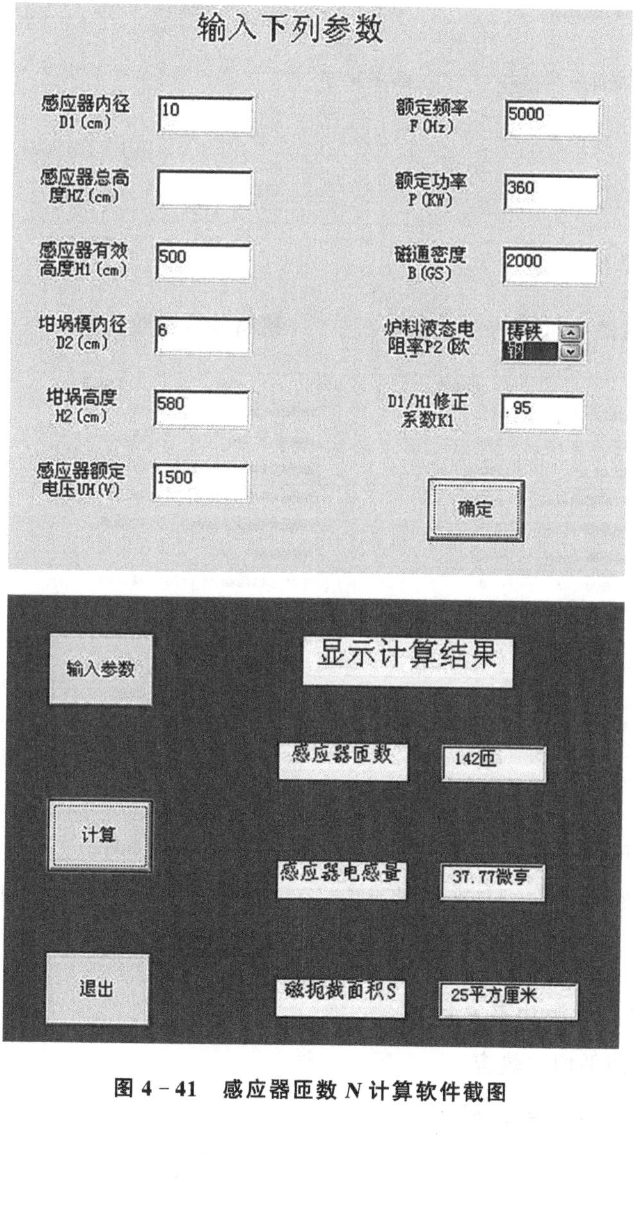

图 4-41　感应器匝数 N 计算软件截图

KGPS-360/1500Hz中频电源主要硬件配置

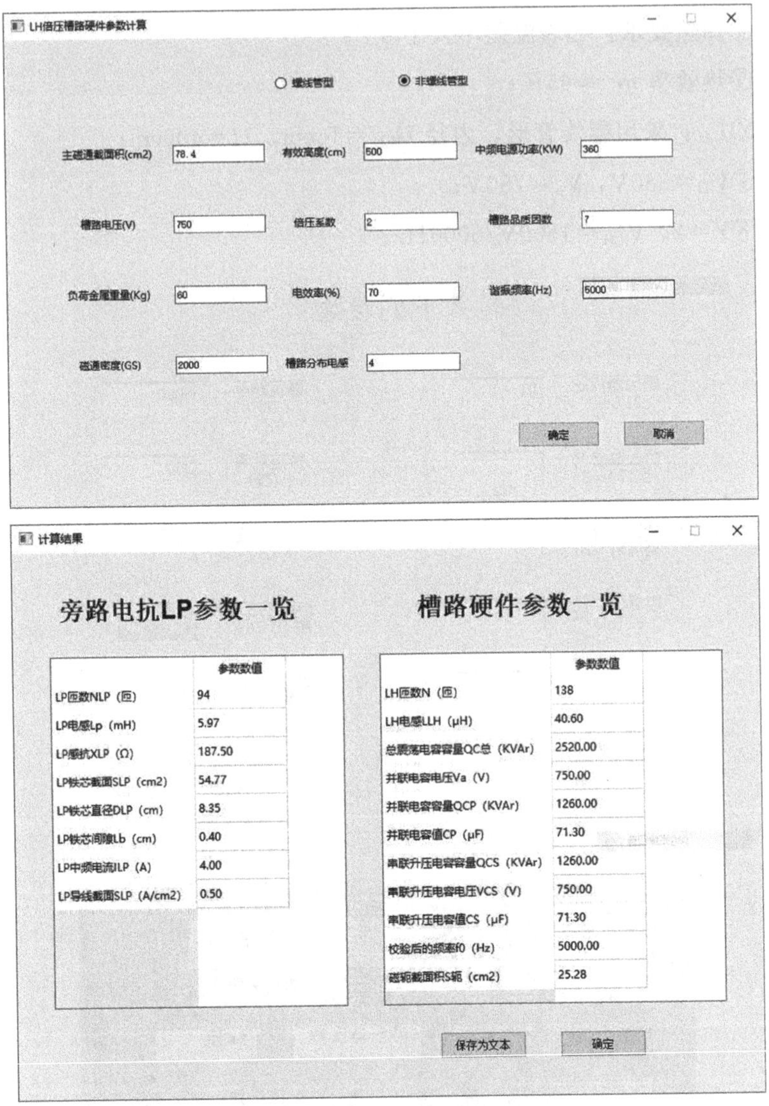

注："LH电感量 L_{LH}"为槽路振荡电感，含分布电感 $L_{分布}=10\mu H$。

　　"LH匝数 N"=138匝，其电感值 $=L_{LH}-L_{分布}=40.60\mu H-4\mu H=36.60\mu H$。

图4-42　李澍信倍压槽路计算软件截图

2. 中频电源功率 P 计算

①普钢平均比热容：

固态比热容 $=0.16kcal/kg\cdot\text{℃}$

液态比热容＝0.20kcal/kg·℃，则：

平均比热容＝(0.16＋0.20)/2＝0.182kcal/kg·℃

$\qquad$ ＝(0.182kcal/kg·℃)/(0.24cal/J) ＝758J/kg·℃

②3.744kg 扁钢加热到 1100℃所需能量 Q：

$$Q=(758J/kg·℃)\times3.744kg\times1100℃=3121747J$$

③计算功率 P：

节拍 15s： $P=Q/T=3121747J/15s=208116W$。

(节拍 20s： $P=Q/T=3121747J/20s=156087W$。)

取效率 $\eta=65\%$，则设备实际功率 P_n：

$$P_n=208116W/0.65=320178W（\approx320kW）。$$

3. 感应器 L_H 参数计算与选择

(1) 基本数据

①圆形 L_H 的内径 $D_{LH}=16cm$。

②"坩埚（含滑道）"等效直径 $D_{综坩}$

$$D_{综坩}=2\sqrt{\frac{S}{\pi}}=2\sqrt{\frac{0.6\times8+5\times11}{\pi}}\approx9cm$$

③ L_H 长度 $H=400cm$。

④自然功率因数 $\cos\phi\approx0.08$，由此，槽路品质因数 Q 取 12。

⑤槽路振荡频率 $f_0\approx5000Hz$。

⑥总补偿电容容量 Q_C（kvar）：

$$Q_C=Q_{LH}=QP=12\times320kW=3840kvar_{(0.75-5)}$$

⑦总补偿电容值 C（μF）：

$$C=\frac{Q_C}{2\pi f_0V_C^2}=\frac{3840kvar}{6.28\times5000\frac{1}{s}\times750V^2}=217.41\mu F$$

(2) 计算 L_H 的有载电感量理论值 L_h'

①从效率和工艺上考虑，槽路确定为倍压接线。

②倍压（串联支路）等效电感 L_h'：

$$L_h'=\frac{10^{12}}{(2\pi f_0)^2C_2}=\frac{10^{12}}{\left(6.28\times5000\frac{1}{s}\right)^2\times\frac{217.41}{2}\frac{A·s}{V}}=9.33\mu H$$

L_H 空载电感 L_{LH}：

$$L_{LH} = 2\frac{L'_h}{K_T} = 2 \times \frac{9.33\mu H}{0.7} \approx 26.66\mu H$$

③软件估算感应器匝数 N，如图 4-43 所示。

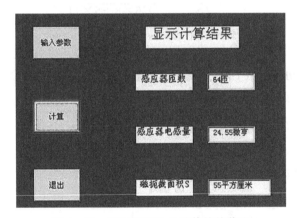

图 4-43　感应器匝数 N 计算软件截图

L_H：$H = 4000$，$D_{LH} \approx 16cm$，$D_{综坩} = 9cm$，$V_{LH} = 1500V$，$f_0 = 5000Hz$，$P = 320kW$。

软件计算结果：$N = 64$，$L_{LH} = 24.55\mu H \rightarrow$ 有载 $L_h = 0.7 \times L_{LH} = 17.19\mu H$。

倍压串联支路等效电感 L'_h：$L'_h = \frac{L_h}{2} = 8.69\mu H$。

④按 L_H 的有载电感量理论值 L_h' 校核：

$$f_0 = \frac{10^6}{2\pi \sqrt{L'C}} = \frac{10^6}{2\pi \sqrt{9.33\mu H \times \dfrac{217.41}{2}\mu F}} = 5000 Hz$$

⑤按软件计算的有载电感量值 L_h' 校核：

$$f_0 = \frac{10^6}{2\pi \sqrt{L'C}} = \frac{10^6}{2\pi \sqrt{8.69\mu H \times \dfrac{217.41}{2}\mu F}} = 5181 Hz$$

根据手工计算和软件计算，L_H 确定为 $D = 160$，$H = 4000$，$N \approx 64$ 匝，制作工艺如图 4-44 和图 4-45 所示。

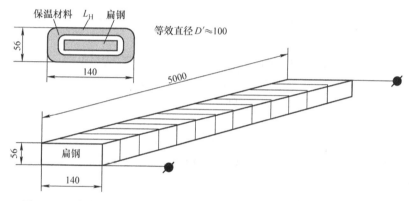

图 4-44　假如为矩形 L_H 时加热装置示意（仅供设计参考，单位：mm）

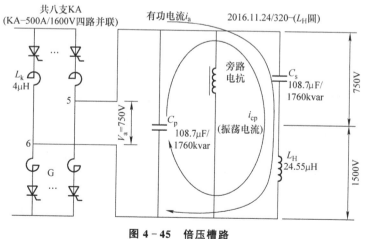

图 4-45　倍压槽路

4. 感应器 L_H 的制作工艺要求，如图 4 – 46 和图 4 – 47 所示

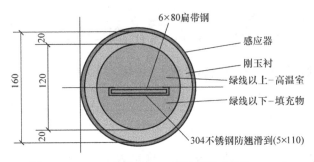

图 4 – 46 L_H 工艺尺寸——正视截面（单位：mm）

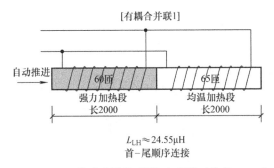

图 4 – 47 两段感应器首-尾顺序并联（单位：mm）

KGPS–320/5000Hz中频电源主要硬件配置

注："L_H 电感量 L_{LH}" 为槽路振荡电感，含分布电感 $L_{分布}=4\mu H$。

　　"L_H 匝数 N"＝61 匝，其电感值＝$L_{LH}-L_{分布}=26.64\mu H-4\mu H=22.64\mu H$。

图 4-48　李澍信倍压槽路计算软件截图

举例 3：$\phi 55$ 圆钢透热感应器设计

1. 基本数据

①已有中频柜（KGPS-300/1）/$V_L=380V$，$V_{LH}=800V$；

②透热圆钢：$\phi 55\times 500\rightarrow$体积 $V=\pi\left(\dfrac{5.5}{2}\right)^2\times 50=1187.92cm^3$，

重量 $G_1=\rho\times V=0.0078kg/cm^3\times 1187.92cm^3=9.27kg$；

③加热温度：$1150℃$；

④加热节拍：根/40s；

⑤加热时间：200s；

⑥L_H 尺寸：$D=140$，$H=2500$。

⑦加料方式：单根连续顺序步进顶入。

2. 中频电源功率 P 计算

①钢的平均比热容：$760J/kg\cdot℃$；

②$G_1 = 9.27\text{kg}$ 加热到 $1150℃$ 需要的能量 Q：

$$Q = (760\text{J/kg} \cdot ℃) \times 9.27\text{kg} \times 1150℃ = 8101980\text{J}$$

③加热节拍 $9.27\text{kg}/40\text{s}$ 之理论 P' 值为

$$P' = \frac{Q}{t} = \frac{8101980\text{J}}{40\text{s}} = 202550\text{W}$$

④总效率 η 取 70%，则实际功率 P_n 为

$$P_n = \frac{P'}{\eta} = \frac{202550\text{W}}{0.7} = 289356\text{W} \approx 290\text{kW} \to 300\text{kW}$$

⑤用户自备 KGPS-300/1 旧电源。

⑥中频频率 $f_0 = 1500\text{Hz}$。

⑦心表温差 $\leqslant 15℃$，加热时间 $200\text{s} \to L_H$ 内驻留 5 根钢棒 $\to L_H$ 长度为 2.5m。

⑧热效率 η：$\approx 70\%$。

3. 感应器 L_H 参数计算

（1）基本数据

L_H 长度 $= 2500\text{mm}$，L_H 内径 $D_1 = 140\text{mm}$，功率 $P = 300\text{kW}$，频率 $f_0 = 1500\text{Hz}$。直流电压 $V_D = 500\text{V}$，中频电压 $V_a = 800\text{V}$，L_H 电压 $V_{LH} = 800\text{V}$。

L_H 自然功率因数 $\cos\phi \approx 0.11 \to Q = 9$。

（2）软件计算匝数 N，如图 4-49 所示

（3）理论计算匝数 N

①总补偿电容容量 Q_C（kvar）：

$$Q_C = Q \cdot P = 9 \times 300\text{kW} = 2700\text{kvar}$$

总补偿电容值 C（μF）：

$$C = \frac{Q_C}{2\pi f_0 V_a^2} = \frac{2400\text{kvar}}{6.28 \times 1500 \frac{1}{\text{s}} \times 800\text{V}^2} = 448\mu\text{F}$$

②L_H 有载电感量 L_h：

$$L'_h = \frac{10^{12}}{(2\pi f_0)^2 C} = \frac{10^{12}}{\left(2\pi \times 1500 \frac{1}{\text{s}}\right)^2 \times 448 \frac{\text{As}}{\text{V}}} = 25.16\mu\text{H}$$

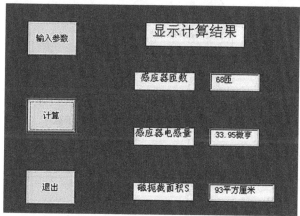

图 4-49　感应器匝数 N 计算软件截图

③L_H 无载电感量 L_{LH}：

$$L_{LH} = \frac{L_h'}{0.7} = \frac{25.16\mu H}{0.7} = 35.94\mu H$$

4. $P - f_0$ 校核

①代入有载电感人工计算值 L_h'

$$f_0 = \frac{10^6}{2\pi \sqrt{L_{LH}' C_P}} = \frac{10^6}{\pi \sqrt{25.16\mu H \times 448\mu F}} = 1500Hz$$

②代入"软件计算"等效有载电感理论值 L_{LH}'

149

$$f_0 = \frac{10^6}{2\pi \sqrt{L'_{LH} C_P}} = \frac{10^6}{2\pi \sqrt{(33.95 \times 0.7) \times 448 \mu F}} \approx 1543 \, Hz$$

③P-f_0 校核结果，"软件计算"与"理论计算"接近。综合考虑，选择"软件计算"值：L_H 确定为：$H=2500$，$D=140$，$N=68$ 匝。

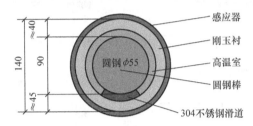

图 4-50　感应器 L_H 截面布置示意（单位：mm）

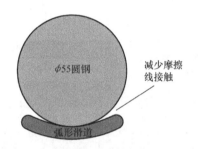

图 4-51　感应加热圆钢推进装置示意

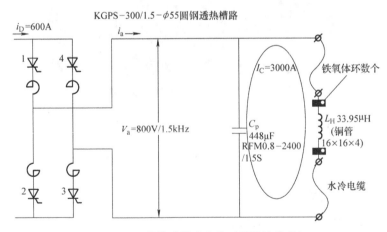

图 4-52　纯并联槽路参数（供设计参考）

KGPS-300/1500Hz中频电源主要硬件配置

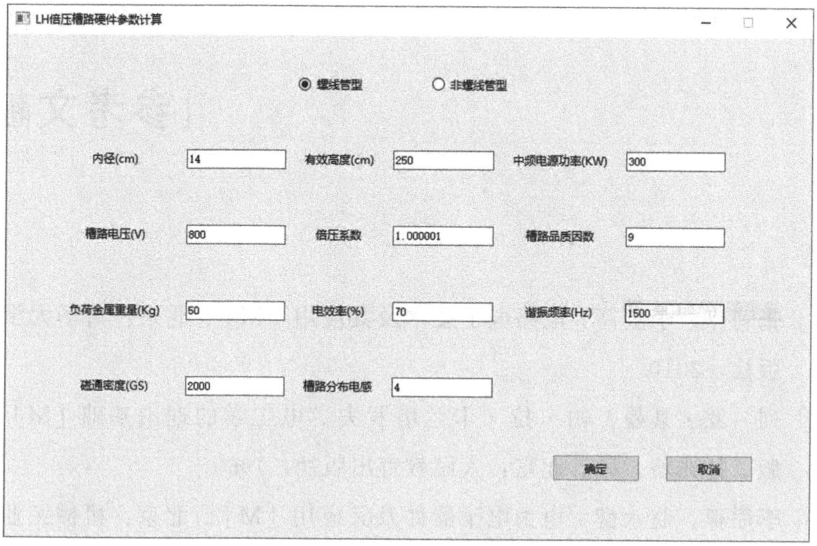

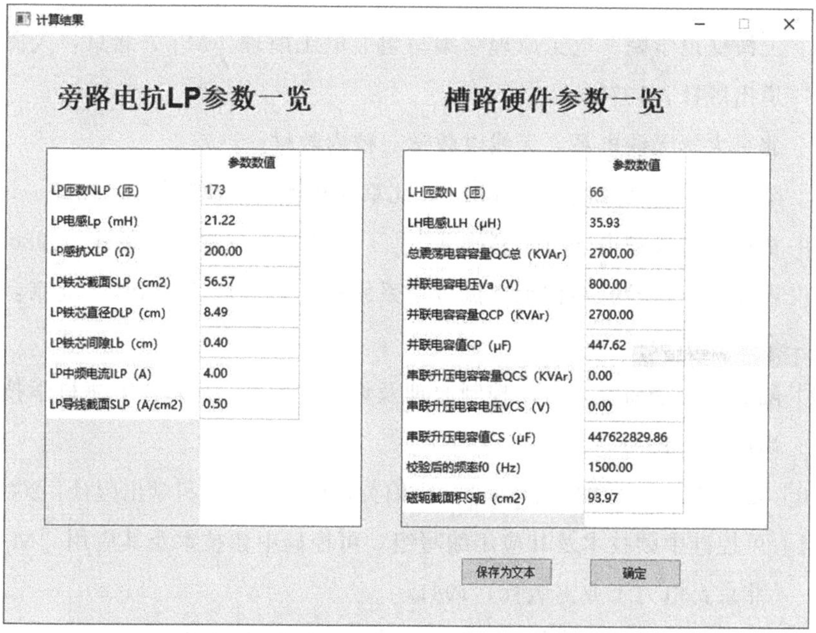

注："L_H 电感量 L_{LH}" 为槽路振荡电感，含分布电感 $L_{分布}=4\mu H$。

"L_H 匝数 N" $=66$ 匝，其电感值 $=L_{LH}-L_{分布}=35.93\mu H-4\mu H=31.93\mu H$。

图 4-53　李澍信倍压槽路计算软件截图

参考文献

[1] 张莉萍，李洪芹．电路电子技术及其应用［M］．北京：清华大学出版社，2010．

[2] 列·罗·聂曼，帕·拉·卡兰塔罗夫．电工学的理论基础［M］．2版．钟兆琥，译．北京：人民教育出版社，1960．

[3] 李序葆，赵永健．电力电子器件及其应用［M］．北京：机械工业出版社，2001．

[4] 上海铁道学院"电工原理"编写组．电工原理［M］．北京：人民铁道出版社，1976．

[5] 北京大学无线电系．无线电数学．校内教材，1971．

[6] 陈伯时．自动控制系统［M］．北京：机械工业出版社，1981．

[7] 童诗白．模拟电子技术基础［M］．北京：人民教育出版社，1980．

[8] 顾旭庭．可控硅错位无环流可逆系统的原理和应用［M］．北京：冶金工业出版社，1981．

[9] 陆道正，季新宝．自动控制原理及设计［M］．上海：上海科学技术出版社，1978．

[10] 正田英介．自动控制［M］．卢伯英，译．北京：科学出版社，2001．

[11] 可控硅中频技术及其应用编写组．可控硅中频技术及其应用［M］．北京：电力工业出版社，1981．

[12] 黄俊．半导体变流技术［M］．北京：机械工业出版社，1980．

[13] 潘天明．工频和中频感应炉［M］．北京：冶金工业出版社，1983．

[14] 付正博．感应加热与节能——感应加热器的设计与应用［M］．北京：机械工业出版社，2008．

［15］姜有根，郭晋阳．数字电子线路［M］．北京：电子工业出版社，2012.

［16］赵良炳．现代电力电子技术基础［M］．北京：清华大学出版社，1995.

［17］沈鸿，等．电机工程手册［M］．北京：机械工业出版社，1982.

［18］广东师范学院物理系．电工学：上册［M］．北京：人民教育出版社，1976.

［19］北京钢铁设计院，等．钢铁企业电力设计参考资料［M］．北京：冶金工业出版社，1976.

［20］卿大全，李萧，郭明琼．常用数字集成电路原理与应用［M］．北京：人民邮电出版社，2006.

［21］清华大学．晶体管脉冲数字电路［M］．北京：科学出版社，1972.

［22］复旦大学物理系．半导体线路［M］．上海：上海人民出版社，1973.

［23］上海业余工业大学．晶体管开关电路［M］．北京：科学出版社，1972.

［24］沈阳变压器厂．变压器试压［M］．北京：机械工业出版社，1973.

［25］路永昌．可控硅中频电源．华安工学院（内部教材），1987.

［26］刘景山．SCR－500kW－单相串联桥式逆变电源毕业设计．华安工学院（内部），1987.

［27］李澍信．北京中南海军地人才技术培训电工基础电子技术讲稿，1980.

［28］李澍信．分散型电流遥测装置继电器．第一机械工业部许昌继电器研究所，1980.

［29］李澍信，周淑玲．对 KGPS－250－1 中频电源的换流电感减小的一些看法［J］．电炉，1982（6）.

［30］李澍信，靳家辰，周淑玲．中频炉软磁铁氧体材料磁屏蔽实验［J］．电炉，1987（2）.

［31］李澍信，李树海．谐振选频载波遥测电量．华北电网技术人员培训班讲稿，1975.

［32］李澍信，周淑玲．并联逆变桥换流电感 L_K 自动分段加入的实践与分析［J］．电炉，1985（6）.

［33］李澍信．北京供电局大学班模电基础讲稿，1982.

［34］苏州振吴电炉有限公司．KGPS－DX 系列技术资料等．公司技术资

料，2010.

[35] 许志彬. 感应加热炉效率的计算与测定（日）［J］. 电炉，1981
 （4）.

[36] 王鸿明. 电工技术与电子技术［M］.2 版. 北京：清华大学出版
 社，1999.

[37] 菅谷光雄. 脉冲电路［M］. 何希才，译. 北京：科学出版社，1997.

[38] 茅以升. 现代工程师手册［M］. 北京：北京出版社，1996.

[39] 清华大学电子工程系，工业自动化系. 晶体管脉冲数字电路［M］.
 北京：科学出版社，1972.

[40] 高伯俭. 感应器计算手稿、滤波电抗设计计算手稿等，2002.

[41] 韩至诚，朱兴发. 电磁冶金技术及装备［M］. 北京：冶金工业出
 版社，2008.

[42] 广东工学院等 24 所大学热处理电工学编写组. 热处理电工学［M］.
 北京：人民教育出版社，1978.